U0242488

# 产品色彩设计

主 编 杨 松

编 者 钟 莹 赵 莹

杨 松

东 南 大 学 出 版 社

·南京·

**图书在版编目(CIP)数据**

产品色彩设计/杨松主编.—南京：东南大学出版社,2014.6

ISBN 978-7-5641-4914-7

Ⅰ.①产…　Ⅱ.①杨…　Ⅲ.①产品设计-色彩学-高等学校-教材　Ⅳ.①TB472

中国版本图书馆 CIP 数据核字(2014)第 090590 号

使用本教材的教师可通过 270843869@qq.com 或 LQChu234@163.com 索取 PPT 教案。

**产品色彩设计**

出版发行：东南大学出版社

社　　址：南京四牌楼 2 号　邮编：210096

出 版 人：江建中

责任编辑：刘庆楚

网　　址：http://www.seupress.com

经　　销：全国各地新华书店

排　　版：南京星光测绘科技有限公司

印　　刷：南京顺和印刷有限责任公司

开　　本：787mm×1092mm　1/16

印　　张：8

字　　数：200 千字

版　　次：2014 年 6 月第 1 版

印　　次：2014 年 6 月第 1 次印刷

书　　号：ISBN 978-7-5641-4914-7

定　　价：38.00 元

# 前　言

　　色彩,装扮着我们的现实生活,既美化了环境,又带给我们愉悦的心情。产品色彩是众多设计色彩中的一种,是设计师根据产品的特点、人们的色彩喜好、企业文化等综合因素来表达产品色彩情感的。色彩作为产品造型设计要素之一,与形态、质感密不可分,通过色彩可以更好地表达产品的功能特点,进而促进企业品牌形象的形成与提升。

　　产品色彩设计,尤其是工业产品色彩设计,单个产品的色彩比较少,不是特别丰富,这就要对色彩的情感、功能属性等特点进行研究并应用。编者在设计实践以及为研究生、本科生讲课过程中,对产品色彩设计有了比较深刻的体会和认识。本书应用了大量生活中常见的色彩实例、设计实践案例及学生作业资料,将理论与实践相结合,重点论述了色彩如何在产品中应用体现。本书力求精化色彩理论体系和内容框架,结合产品色彩设计特点,对色彩基础理论做概要阐述,使学生对产品中的色彩应用有一个基本了解。

　　全书共六章,主要围绕色彩基础知识、色彩情感的表达、产品色彩设计实践等方面逐渐展开。第一章色彩与设计,唤起设计师对色彩的关注,寻找色彩灵感以及熟悉产品设计相关领域的色彩设计;第二章色彩理论,简单介绍了色彩基本理论知识;第三章色彩的情感,介绍色彩的情感属性以及色彩效应;第四章色彩在产品中的表达,主要谈色彩在产品的功能、形态等方面的表达形式;第五章产品色彩设计,重点介绍了产品色彩设计的原则和色彩选择;第六章产品色彩设计流程与设计表现,以一些典型的工业产品为例,重点介绍产品色彩设计的一般流程及色彩的表现形式。

本书由东北大学杨松主编,并由其负责完成全书的统稿工作。参加本书编写的有东北大学钟莹(第一、二章)、赵莹(第三、四章)、杨松(第五、六章)。在本书编写过程中,牛东方、孙晓枫老师也做了大量前期工作,在此深表感谢。

由于编者水平有限,书中难免存在缺点和不足,恳请读者批评指正。

编者
2014 年 4 月于沈阳

# 目　录

# 第一章 色彩与设计

## 第一节 感 受 色 彩

人类对色彩的感知与人类自身的历史一样漫长,有意识地应用色彩是从原始人用固体或液体颜料涂抹面部与躯干开始的。在新石器时代的陶器上已可见到原始人对简单色彩的自觉运用。

在色彩的应用史上,装饰功能先于再现功能出现。人类制作颜料是从炙烤动物肉时流出的油与某些泥土的偶然混合开始的,逐渐发展为以蛋清、蜡、亚麻油、树胶、酪素和丙烯聚合剂等作颜料结合剂。在古代中国、印度、埃及、美索不达米亚,颜料多用在家具、建筑、服装、雕像等的装饰上。

在绘画应用方面,从文艺复兴时代开始,艺术家们不断探索新的色彩材料,艾克兄弟等人在"油—胶粉画法"的基础上改进而形成了亚麻油等调制的油画颜料,为油画的产生提供了媒介材料。自此,绘画上色彩表现的手段大为丰富。

尽管人类对色彩的应用已有几千年的历史,但独立意义上的科学的色彩学研究却晚于透视学、艺术解剖学而到近代才开始,这是因为色彩学的研究须以光学的产生和发展为基础。直到 17 世纪 60 年代,太阳的彩色光谱被牛顿发现之后,色彩学才有了一个科学的认同,并逐步设立了色彩方面的科学研究部门。直至 1860 年英格兰麦克斯威尔创立了色盘中间的混合色,1914 年德国的奥斯特瓦尔德创立了圆锥色立体,1929 年美国的孟塞尔又创立了孟塞尔色立体。这些为后来的写生色彩学、装饰色彩学及心理色彩学的体系建立作出了重大贡献。

一、色彩感觉形成

人的色彩感觉信息传输途径:光源照射到彩色物体,

图1-1　色彩感觉的产生过程

经由视神经反映到大脑,最终形成色彩感觉。所以光源、彩色物体、眼睛和大脑是人们色彩感觉形成的四大要素(图1-1)。这四个要素不仅使人产生色彩感觉,而且也是人能正确判断色彩的必要条件。在这四个要素中,如果有一个不确定或者在观察中有变化,就不能正确地判断颜色及颜色产生的效果。如图1-2所示,在黑夜里的停车场,尽管有夜间的照明光源,但较之白天的日光亮度降低了许多,所以人们要想根据汽车的色彩来找到自己的车还是有一定的难度的。

图1-2　夜晚的停车场(邵腾 摄)

在我国国家标准GB5698-85中,颜色的定义为:色是光作用于人眼引起除形象以外的视觉特性。所以,色彩感觉不仅与物体本来的颜色特性有关,而且还受时间、空间、外表状态以及该物体的周围环境的影响,同时还受各人的经历、记忆力、看法和视觉灵敏度等各种因素的影响。颜色通过视觉的作用后会引起对某些事物的联想而产生连锁心理反应,形成相关联的心理影响,这便是色彩的感觉。这种感觉经常会左右我们的情绪、情感、思想及行为,因此,色彩具有不可忽视的心理作用。如图1-3,温暖的阳光照耀下,路边的树叶呈现出不同的绿色,与淡黄色的墙壁、粉白相间的人行路相呼应,给人午后惬意、慵懒的心理感受。

色彩作为一种视觉信息,时时刻刻地影响着我们的生活,它赋予人类为世界"上妆"的权利。因此,设计师们担负着重要的职责:以大自然和社会生活为创作来源,为我们创造富有个性、层次鲜明的色彩生活。

## 二、自然界的色彩

图1-3　温暖日光下充满惬意的人行道

人们视觉范围内所能接触到的色彩现象,按属性概括来说,有两大类:自然色彩、生活色彩。自然色彩现象是客观存在的,大到天体的宏观世界,小到细菌病毒的微观世界,只要善于去探求和发现,自然色彩会以其惊奇的色彩面貌展现在人们的面前,激励人们再现色彩的创作欲望。生活色彩的形成与发展,是人类对自然色彩由感性认识到理性认识的一个不断深化、提炼的加工过程,它比自然色彩更典型、更集中、更富于个性,具有赋予色彩情感表达的功能特性。

　　我们说自然色彩是大自然事物本身所具有的色彩,它为艺术世界提供了无限创意的可能性与可操作性。比如,一年四季中春、夏、秋、冬的季节色彩,色彩特征鲜明的农作物的色彩,动物的色彩,山川、河流等自然景观色彩等(图1-4～图1-7)。总之,大自然呈现给人们的是五花

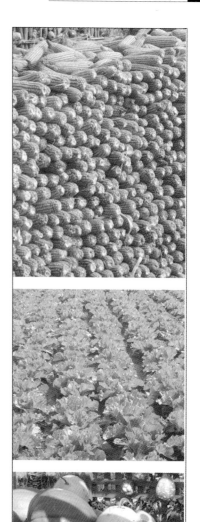

图1-4　春夏秋冬色彩

图1-5　植物的色彩

图1-6　动物的色彩

图1-7　阿尔卑斯山(刘光旭 摄)

图1-8　自然色彩的视觉秩序

八门、绚丽斑斓的色彩,除了能让我们感受到大自然的色彩魅力外,还为设计创造活动提供了无限的色彩创作来源。设计师经过对复杂的自然色彩的分解、概括和提炼,结合色彩的实现工艺,可为我们的生活提供丰富的色彩设计作品。

自然色彩种类复杂,颜色千差万别,有着我们难以琢磨的生成方式,它使人类建立起舒适的视觉秩序(图1-8)。自然色彩易使人产生联想,产生一系列的心理活动,激发人的感情,从而引起某种情绪。此外,色彩的效果非常直接并有自发性,心理学家已证实,高纯度、强明度的色相可以引起神经兴奋,纯色比柔和色更活跃。自然界许多材质的色彩是十分复杂的高级灰色,其稳定性较强,无强烈刺激感。而有些自然色更能引起人们丰富的联想,唤醒人们对过去生活经历的向往和思恋,并且能有力地表达情感。比如不同环境下云彩的色彩变化带来一系列的色彩感官体验(图1-9)。

在当今,提出自然色彩的概念,具有极其重要的意义。从大自然色彩中获得灵感来进行图案配色,可取得别开生面、意想不到的新鲜效果,可以有效地帮助设计者打开新的思路,摆脱习惯性的配色方法,提高配色技巧。

图 1-9　不同环境下云彩的色彩变化

来源于大自然鲜艳光泽的色彩用在设计中,无疑令平凡的都市生活焕发光彩。运用自然色彩符合当前世界上回归自然的社会思潮。回归自然的意识尤其体现在现代化高度发展的国家和城市中,在工作压力繁重、社会竞争日益激烈、城市喧闹的环境下,人们渴望一片安静、舒适的自然净土,找到轻松、宁静、安详的感觉。因此面对市场行为作出反馈,把握自然色彩的运用不容置疑。

三、生活中的色彩

大自然中丰富的色彩装扮着现实的生活,对大自然色彩的了解和利用仍旧是艺术家、设计师及各类艺术爱好者的必修课。他们利用敏锐的眼睛、睿智的头脑,不断地追寻大自然魅力,在自然色彩中获得丰富的灵感,并将其应用到自身的生活之中,使人类生活无不与色彩息息相关。色彩贯穿了人类衣、食、住、行、娱等活动的方方面面,人类的生活离不开这些色彩。

在人类的生活、工作、休闲、社交等社会活动中,随处可见不同肤色、不同种族的人们身着各式各色的服装。不同的环境也使人们自觉或不自觉地改变着自己的装束,以保持与周围环境的协调。服装的色彩融入人们生活的方方面面,既体现了个性,又形成了丰富多彩的环境色彩(图 1-10)。

图 1-10　学生毕业展中参观人群的服装色彩

就食物而言,诱人的味道搭配上鲜亮的色泽,增进人们的食欲。各种食材独特的色彩仿佛是画家手下的各色颜料,调配出一道道令人垂涎、味美动人的大餐(图 1-11)。

图 1-11　诱人的食物色彩

图1-12　城市的建筑色彩

与吃、穿并存的人类居住、生存空间环境的色彩层次就更加丰富多彩了。比如现代化城市,高楼林立,到处充溢着大量的工业化生产的元素和色彩,给忙碌的人们营造了积极奋进、充满动力的色彩环境。色彩绚丽缤纷的店面装饰又激发了人们生活、工作的热情。可见,城市中的色彩遍布人们生活的每个角落(图1-12、图1-13)。

交通对于现代人来说是生活中的一个大内容,交通工具则是人们生活中不可缺少的一部分,随着人们生活方式的改变、科学技术的进步,我们身边的交通工具种类越来越多,在给人们出行带来方便的同时,也形成了一道移动的、亮丽的色彩风景线。交通工具和交通环境的色彩对人们的安全都是至关重要的。色彩的功能性和高认知度保证了人们的生命安全。不同地区与文化、不同用途与类别的交通工具呈现出了不同的色彩风貌,如图1-14所示的观光巴士应用了高饱和度的红色,图1-15的轻轨则以蓝色调为主。图1-16中的飞机,应用了灰色和蓝色的搭配,体现了速度、安静和安全的感觉。

娱乐活动对于现代人来说,其地位越来越重要,而色彩在其中扮演的角色也非比寻常。图1-17展示了我国北方特有的观赏性娱乐场所——哈尔滨冰雪大世界,色彩斑斓的冰灯衬托在夜空下,美轮美奂。图1-18中的迪斯尼游行彩车,色彩饱和度高,绚丽多姿,有利于吸引游客特别是儿童。

图1-13　城市中丰富的色彩元素

图 1-14 高饱和度色彩的观光巴士（刘远东 摄）

图 1-15 蓝色调为主的轻轨

图 1-16 蓝灰色搭配的飞机

图 1-17 色彩缤纷的冰雪大世界

图 1-18 迪斯尼色彩斑斓的彩车（刘东博 摄）

生活中的色彩应用贯穿衣食住行等方面，无处不在。雕塑是城市中一道亮丽的风景线，图 1-19 中的雕塑都选择了识别度非常高的红色，用不同的造型语言诠释设计者不同的语义诉求，视觉冲击力非常强，使人们留下了非常强烈的印象。

生活中的色彩应用不尽相同，却往往于细微处见精神。色彩的应用贯穿于生活中的每一个角落，每一个点滴、细节（图 1-20）。这些色彩装扮着我们丰富多彩的生活，同时也为我们的色彩设计提供了各式各样的色彩参考，所以我们每个人尤其是设计师要善于从自然界和社会生活所呈现的色彩中汲取色彩营养，不断提高、完善我们的色彩品味。

图 1-19 红色的雕塑

图 1-20 人们生活中的色彩体现

## 第二节　设 计 色 彩

### 一、设计色彩的定义

设计色彩,是指在设计中将色彩这一视觉要素有目的性地运用其中,使色彩成为造物活动中不可缺少的内容。它使得任何具体的设计作品因为有了色彩要素的参与而变得更加完美。设计色彩通过人的主观意识来表现客观世界和抒发个人情怀,是主观意识的思维活动,是感性形象和理性概念的融合,是对自然物象的色彩重构,使现实中不可能的色彩通过主观设计转化为可行的、真实的存在。设计色彩是设计创作的一种有效手段,设计师可以运用色彩语言表现艺术创作,反映设计理念,并达到设计目的,它能促进设计创作活动的开展与延续。

色彩和其他设计形式语言一样,具有审美与实用的双重作用。它既能在设计中起到装饰美化的效用,又能发挥其功能性视觉效应,对设计产生实用性的影响,令使用者生理和心理感受得到平衡,从而满足物质与精神生活的双重需要。色彩的实用性功能使得设计色彩的装饰性功能更大地发挥其视觉扩张性。这种整体的、带有计划性的色彩信息的传播,有利于设计形象为人们所接受和认可。

社会在发展,时代在变化,人们的审美观点不断提升,设计色彩也在不断地创新。以各种表现形式、技术手段来符合当今时代、环境与地域等不同的审美要求,同时强调以实用为前提,以注重大众接受为目的。

### 二、色彩在产品设计相关领域的应用

产品设计不是孤立存在的,要想把产品转变为商品,离不开产品推广的一系列设计活动,其中包括产品的包装、广告宣传和展示推介等方面,而所有的这些活动还需要承载企业理念与形象等信息。色彩作为一个重要设计要素,在产品设计相关领域应用广泛,以此来协调企业形象与产品形象的一致性。

#### 1. 产品设计

工业产品设计是在工业革命之后世界范围内迅速发展起来的,与人的生活关联最为密切。在消费观念剧烈变

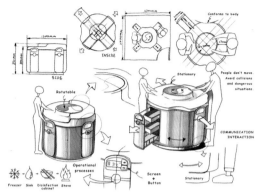
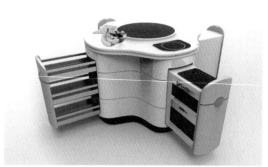

图 1-21 集约化灶台设计
（设计：沙慕雪；指导教师：杨松）

革的今天，个性化、时尚化的产品设计得到了消费者特别的喜爱，使得产品设计中色彩设计的地位日益增高。

生活中，人们离不开形形色色的各类产品，小到家庭用的家电，大到出行的交通工具。它们都承担着人们生活方式形成与改变的重要作用。产品的功能是前提，其次就应该是形态和色彩的表现。

产品的色彩设计是工业产品造型的一个重要部分。产品的外观色彩具有一定的认知性。运用色彩组合搭配原理处理部件构成，是从外观形态上把产品形象处理成有机关联的整体。通过运用色彩的块面分割构成、色块连接线的丰富变化、色彩纯度的对比与调和，使笨重的产品变得轻巧，将僵硬的产品体量变得柔韧，可以突出控制部件的功能引导，进而烘托出产品感观的整体感染力。巧妙地运用色彩，能把产品部件的每个局部处理得更加完美。图1-21所示的集约化灶台设计，采用了比较清新的色调，用淡蓝色突出每个独立的功能区。

### 2. 企业形象设计

企业形象设计又称为 CI(Corporate Identity)设计，是将富于个性和企业特征的经营理念、管理策略、行为规范等信息，运用统一化、规范化的视觉传达系统以及广泛的公共关系活动，传达给企业的关系者乃至全社会，在企业内部、外部以及相关环境产生一致的认同感和价值观，从而为企业的生存和发展创造出良好的经营环境和社会环境，具体包括理念识别 MI(Mind Identity)、行为识别 BI(Behavior Identity)和视觉识别 VI(Visual Identity)三个部分。该系统中对内外展示最直观的就是 VI 系统的设计，其核心的设计元素就是标识的设计。企业形象设计中

 ＋   ＋

橙色　　　　齿轮　　　　达诚　　　　轴承　　　　太阳　　　　达诚
阳光　　　行业属性　　首字母DC变形　精密制造　行业领导　首字母dc变形
激情与希望　　　　　　　　　　行业属性　希望

图1-22　以渐变红色为标准色的
标识设计

涉及的设计类别非常多,也没有统一的模式;但是不管如
何变化,色彩都是标识设计中比较稳定和集中的识别因
素。因此,在标识设计中运用标准色,不但能够吸引消费
者的注意力,而且还可以增强公众的记忆力,从而使消费
者对该标识留下深刻的个性印象,进一步熟悉记忆,引发
联想,建立消费信心。图1-22中应用渐变红色为标准色
的标识设计,色彩鲜明,记忆性强。

### 3. 包装设计

在包装设计中,色彩往往具备三种功能,即传达企业
的形象、体现产品的性质、刺激消费者的购买欲。包装色
彩要求平面化、匀整化,它以人们的联想和色彩习惯为依
据,通过对色彩的过滤、提炼来实现包装设计的构图关系,
同时也可以进行高度的夸张和变色。包装的色彩还必须
受到工艺、材料、用途和销售地区等因素的限制。总之,要
突出商品的个性,就必须通过独特的包装色彩来强化形象
冲击力。

包装的色彩特征比形状设计更为令人深刻难忘,成功
的包装色彩设计,能起到帮助识别商品并增强记忆的作
用,而且还有引起回忆的价值,成为顾客下次选择某商品
的重要依据。如图1-23展示的坚果包装设计,使用了
蓝、绿、红等鲜艳的色系,以同种色相不同明度的色彩搭配
方式构成,体现了坚果营养丰富、绿色健康的特性。

图1-23　坚果包装设计
(设计：刘东博)

#### 4．广告设计

广告设计是基于计算机平面设计技术对图象、文字、色彩、版面、图形等表达元素的运用，结合广告媒体的使用特征所进行的平面艺术创意活动。色彩作为广告设计的宣传媒介，其应用率在急剧增加。海报招贴中亮丽的色彩版面，马路上路标、广告都是用色彩来装点。广告设计十分强调视觉心理和视觉生理的共同作用，在各种各样的视觉传达方式中，充满语义的符号、图形、文字等视觉形态都远不如色彩更具有打动知觉的超强能力。如图1-24中的蓝牙音箱海报设计，没有用过多的言语来描述产品，而是借用了汽车的色彩来描述音箱的形态来源，比较形象、生动。由此可见，色彩是视觉传达中设计师们最为关注的视觉对象。

在现代广告设计构成的诸多要素中，色彩作为一种信息传达的手段，其作用的特殊性是其他要素无法比拟的。人们对广告的第一印象很多时候是通过色彩得到的。色彩运用的优劣直接影响一幅作品的成与败。艳丽、典雅、灰暗等色彩，影响着公众对广告内容的注意力及产生不同的心理感受。

图1-24　蓝牙音箱的海报设计（深圳市凯隆工业设计有限公司）

#### 5．展示设计

现代企业推销自己产品最好的做法就是参加各类相关产品的展示、展销会。展会的展示形式对于提高企业知名度、产品推广及销售、信息技术交流都起着至关重要的作用。而作为展会的最主要形式：各企业的展厅、展位的设计就显得尤为重要，每个企业都会结合企业的特点、产品特色以一定的风格来展示自己的形象，吸引参观者的目光。

图1-25　展示空间设计

图 1-26 广东达诚机械有限公司
展示设计

　　展示设计是一门综合的艺术设计活动,是多元空间、多学科的设计。现代的展示设计应用了声光电等高科技元素,结合实际产品,实现了交互式、场景式展示以及人与空间的相互融合、相互渗透,给人们创造出一个美轮美奂的展示空间,其中色彩的作用不容置疑,颜色起着确定风格、划分展示区域、灯光效果等作用(图 1-25)。图 1-26所示的塑料机械产品展示设计,确定了灰色的主体色调,强调高科技,产品的蓝色与门廊、护栏的黄色形成了鲜明的对比,突出各个展示部分,强调展区的功能性。

## 第三节　流　行　色

### 一、流行色的定义

　　所谓流行色(Fashion Color),意指时髦、时尚的色彩。流行色作为一种跨越地域的文化语言,是一种在社会、经济、文化、艺术观念和科学技术的时代背景下出现的心理产物,是某个时期人们对某几种色彩产生共同美感的心理反映,是时代文化内涵在人们心理上的投影与写照;它随着时代潮流、社会风尚的变化而变化。

　　流行色作为现代生活的审美趋向,从一定程度上反映了人类对当时经济生活的认识态度。流行色以它巨大的活力,正在提升产品的竞争力,创造财富与价值。因此,它无可置疑地成为当今时尚产业的研究课题。

### 二、流行色产生条件及特点

　　国际流行色委员会于 1963 年成立,由法国、意大利、英国、德国、日本等国家组成。中国流行色协会于1983年代表中国加入了国际流行色委员会。各成员国每年提前18到24个月共同制定国际色彩流行方案。

国际流行色委员会从建立之初到2000年，一直处于时尚霸主地位。随着亚洲经济的不断崛起，2004年，中日韩联手成立了亚洲色彩联合会，每年为来自亚洲的知名企业提供色彩交流的平台，同时，在国际流行色方案确定后，将国际的色彩细化分解到服装、家居、化妆、工业各个领域，联手发布亚洲色彩流行趋势。中国流行色协会自2004年至今每年开展服装、家居、汽车市场的色彩调查，根据国际的、亚洲的以及中国的市场为国内众多品牌做新季色彩指导与培训。

流行色从产生到消失，然后被新的流行色所替代，循环往复。从流行色的发展过程中可以看出，人们对色彩变化现象的心理认同已经成为流行色产生的主要原因，而时间也成为流行色产生的必备条件。时间表明了流行色暂时性和流动性的特点。而色彩流行的短期现象变成了流行色自身的动态属性，一旦离开与之相配合的时段，流行色的地位和价值就会随之消失。同时，流行色的变化规律还具有非常明显的周期性，它总是以产生—发展—盛行—衰退的模式发展着。除上述因素之外，流行色的产生还需要地域条件、人群条件、载体条件、传播条件等。

### 三、流行色的价值

人们生活在一个高速发展的信息时代，准确的信息是科研、生产的重要保证。各行各业的设计大师们将流行色作为最有效的沟通工具，每一年每一季，都将源源不断的流行色资讯作为设计和生产产品的指导与参考。对于企业来说，应把握住流行色，并恰当地运用到相关行业中以促进消费。只有以敏锐的视觉密切观察时代不断跳动的脉搏，把握商业机会和变化复杂的流行色潮流，才能激发新形式、新材质、新设计的灵感，生产出独具特色的、具有市场优势的产品。

### 四、流行色的应用

随着人们对流行色的兴趣日益浓厚，对生活环境的营造越来越多地采用流行色，流行色的概念便随着流行的时尚深入人心，它直接反映了时尚变更的一个方面。流行色最早应用在服装、面料行业上，是最直观的应用体现。随

图 1-27　流行色应用领域的延伸

着人们生活品质的提高、精神需求的提升以及设计行业突飞猛进的发展，流行色已经拓展到了人们生活中的各个领域（图 1-27）。现在不仅是服装面料，就连手机、家纺、汽车、住宅等，也更多地在流行色上体现了时尚潮流，人们时时刻刻都感受着多姿多彩的流行色，美的衣妆、美的用品、美的家居，组成了人类美的生活环境。由此催生的色彩经济也正在引领着追求完美的新时代。

在各行各业的产品色彩设计上，设计师们根据色彩潮流，综合分析市场、环境和消费者的需求，在服装、家具、汽车等的设计上切合了中国本土的需求。中国流行色协会副会长兼秘书长梁勇先生曾讲过，中国服装业发展到今天，在某种角度上是面料加色彩的竞争。生活水平的提高使人们更注重个性，而家具流行色的发展就在逐渐实现"个性色"（图 1-28）。汽车色彩不是单独存在的，它是和

图 1-28　个性色搭配的家具

图 1 - 29　色彩丰富的汽车配色

汽车的外观、材质以及表面处理一起构成的整体。因此，通过科技创造时尚，提供给消费者全新的愉悦的色彩表现和感受是汽车制造业不断追求的目标(图 1 - 29)。所以，当代的色彩设计必须要准确地应用流行色，通过色彩更好地体现产品的造型和功能特点，以符合消费者的生理、心理需求。

五、流行色的预测

从预测的性质上分，流行色预测方法分为专家预测、调研预测、公式预测以及数理模型预测。

专家预测方法以国际流行色协会的流行色预测法最具代表性，经过专家的讨论、比较，进行意见综合和主观判断，得出完整的色彩趋势定案。这种预测方法从整体上对流行色信息进行思辨，基本具备了全面性、系统性、非线性的要求，方法本身具有很高灵活性的同时也极具风险，预测者敏锐的色彩洞察力、时尚文化的氛围是这种预测方法取得成功的关键因素。

调研预测方法是通过观察、调查社会市场环境，利用计算机进行统计和分析综合调查数据，得出最受市场欢迎的色彩，以此为依据，结合国际市场的流行色信息，最终得出应季流行色定案。这种预测方法将预测主体放大,从专家、消费者、市场的多角度看待问题,并且以一定的市场统计数据作为依据,将流行色影响因素量化,通过数据和图表客观地表达定性预测中专家的模糊思维,避免了片面性和绝对的主观性,具有极强的市场号召力。

公式预测的一般思想是将流行色预测的影响因素进行主成分化,根据影响因素的强弱确定主成分的权重,根据流行色信息进行参数项赋值,从而得出流行数值,以此评价色彩流行的程度。一般公式为 $Y = f(x_1, x_2, x_3, \cdots)$,其中参数项 $x_1, x_2, x_3$,分别代表流行色预测的影响因素,$Y$ 为流行值,数值越大,越流行。这种预测方法简单易行,预测结果具有一定的说服力,但是在权重和参数项赋值的科学性上不及数理模型的预测。

数理模型预测是在色彩量化基础上,借助数据分析计算的高级技术计算语言,对历年的流行色属性变化进行模拟并建立预测模型进行预测。这种预测方法可以将影响流行色变化且难以量化的影响因素转移到流行色色卡信息中,利用预测理论的优势,将其在预测结果中体现出来。已有的切实可行的预测方法有回归模型法预测、灰色理论预测、BP 神经网络预测等。

# 第二章 色彩理论

## 第一节 色彩原理

研究色彩的科学家认为,色彩是被分解了的白色光线。在其通过大气层到达地球时,由于地表和地面物体的吸收、反射等分解选择的作用,使所有的物体,无不呈现出各自的色彩。色彩是以色光为主体的客观存在,对于人则是一种视像感觉,产生这种感觉基于三种因素:光、物体对光的反射和人的视觉器官——眼睛。

### 一、色与光

光属于电磁波的一部分。只有 380～780 nm 波长范围内的电磁波能够引起人的视觉,这段波长的光在物理学上叫做可见光谱或光谱色。其余波长大于 780 nm 的电磁波和小于 380 nm 的电磁波,通称为不可见光。光线的分解如图 2-1 所示。

1666 年英国物理学家牛顿在剑桥大学做了一个非常著名的实验。牛顿把太阳白光引进暗室,使其通过三棱镜再投射到白色屏幕上,结果光线被分解成红、橙、黄、绿、青、蓝、紫七色彩带,这七色光重新混合,又能还原产生白光。牛顿据此推论,太阳白光是由这七种颜色的光混合而成的复合光。由此,发展为现代光学的物理学理论。

### 1. 固有色、环境色与光源色

固有色是指物体固有的物理属性在常态光源下产生的色彩。由于每一种物体对各种波长的光都能够有选择性地吸收、反射与透射,所以在相同条件下,物体就具有相对不变的色彩属性。我们习惯于把白色阳光下物体呈现的色彩属性称之为物体的固有色。当光线照射到红色物体时,蓝绿色光被吸收,红色光线被反射,所以人们看到的物体呈红色;如果是白色物体,则反射所有色光,我们看到

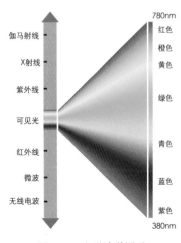

伽马射线
X射线
紫外线
可见光
红外线
微波
无线电波

780nm
红色
橙色
黄色
绿色
青色
蓝色
紫色
380nm

图 2-1 电磁波谱图示

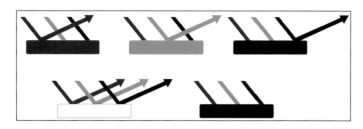

图 2-2 光与固有色的关系

图 2-3 LED灯的不同光源效果
（刘远东 摄）

的物体就呈白色；如果是黑色物体，吸收所有色光，我们看
到的物体就呈黑色（图 2-2）。

物体表面受到光照后，除吸收一定的光外，也能反射
到周围的物体上。环境色是指某一物体反射出一种色光
又反射到其他物体上的颜色。这种色光虽然一般比较微
弱，但是它不同程度地影响周围物体的色彩。

凡是能够自行发光的物体就称为光源，由自行发光的
物体所产生的色光，被称为光源色。如图 2-3 中，LED吊
灯呈现出不同的色彩效果，有黄色的暖光，也有青、湛蓝的
冷光，不同的光源色组合在一起，呈现出色彩斑斓、科技梦
幻的灯光效果。

光的作用与物体的特征是构成物体色不可缺少的条
件，物体色是固有色、光源色、环境色共同作用的结果，固
有色、光源色、环境色相互依存又相互制约。如图 2-4 所

图 2-4 固有色因为自然光源
缺失而呈现光源色、环境色

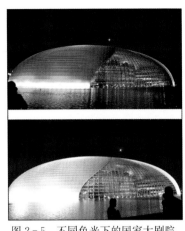

图2-5　不同色光下的国家大剧院演色效果(周森 摄)

示,在黑暗的情况下,光源不足,楼体呈现的色彩都是临近的光源色塑造出来的,而不是楼体本身的固有色。而黄昏的日光也为右图中的家居环境罩上一层暖暖的金黄色。

2. 演色性

在物理学上,光源对物体色的显色产生影响的性质叫做演色性,而受到光源照射以后的物体色的显色物为演色。简而言之,演色为灯光下物体的色彩变化。就如同物体在不同色彩光线下"表演"出不同的视觉效果。图2-5展示了不同色光之下国家大剧院外观的不同视觉效果。建筑的外部色彩在自然光线下是不变的,而到了夜晚,自然光源不足的情况下,设计师将原本的要素缺失转化为新设计的灵感,将彩色LED电子光源排布在建筑表面,在夜晚整体建筑的外部,跟随电子光源的变化,变幻出不同的视觉效果,"上演"不同的色彩角色。这些艺术效果往往比自然光线下的物体色更能吸引人们驻足观看。

同样,在产品设计中,电子产品的屏幕,操作按键的灯光反馈等等,这些色彩设计过程中,也应该充分考虑产品外观色彩与操作环境光源色之间的互动关系。通过在不同色光环境下展示出不同的设计效果,凸显个性,张扬标新立异的设计思想,更能吸引年轻一族,符合电子产品更新快、把握时代潮流的特点。

在现代社会中,人们有相当大部分时间在人工光源下生活、工作、劳动,为了防止由于光源色影响而产生物体色彩的失真,在灯光照明设计时就必须研究不同光源照明的演色性差别。同时,研究光源演色性的另一个重要目的是,研究如何利用不同光源的演色性创造新的色彩艺术气氛。

二、视觉原理

视觉的形成必须具备两个条件:

一是色觉产生的生理基础——由眼睛、视神经和大脑组成的结构总体,眼睛被称为颜色感受器,大脑被称为感觉识别器,视神经则是眼睛和大脑之间的信息传递机构。其中人眼中的视网膜上的锥体细胞和棒体细胞适应白昼和黑夜的视觉转换,瞳孔的胀缩适应于光线强弱的变化。

人类眼睛的构造就和照相机的构造一样,分为眼睑(镜头盖)、虹膜(透镜)、瞳孔(光圈)、角膜(暗箱)、视网膜(底片)、视觉神经细胞层(包括锥状、杆状细胞,相当于底片上的感光药液层)等,只要是功能正常的眼睛,便能跟完好的照相机一样。

二是色觉产生的物理基础——光源。人眼能够看到色彩,是物体各点发出的强弱不同的光色刺激到人眼的锥体细胞和棒体细胞,产生视神经兴奋,传到大脑,从而看到物体表面的明暗差别和整体的形象颜色。

### 1. 视觉的明暗适应性

人们都会有这种经验,当由漆黑的环境突然进入明亮空间时,或者是由明亮处突然进入黑暗空间时,眼睛一时会不知所措,一片模糊,但稍过一会,一切就会变得清晰可见,这种现象即为视觉的明暗适应性。

### 2. 视觉暂留现象

人眼在观察景物时,光信号传入大脑神经,需经过一段短暂的时间,光的作用结束后,视觉形象并不立即消失,这种残留的视觉称"后像",视觉的这一现象则被称为"视觉暂留现象"。"视觉暂留现象"是光对视网膜所产生的视觉在光停止作用后,仍保留一段时间的现象,也称为"视觉残像"。"视觉残像"分为两种:一种是由于视觉神经的兴奋感尚未达到高峰,因惯性作用而引起的正残像。另一种则是由于视觉神经兴奋过度而引起的负残像。当人们长时间凝视白色或灰色背景上的红色图形后,将红色图形撤走,会感觉背景上出现了一个绿色图形。

视觉暂留现象首先被中国人运用,宋时的走马灯便是历史记载中最早的视觉暂留的应用。随后法国人保罗·罗盖在 1828 年发明了留影盘。

### 3. 视觉色彩平衡

视觉色彩平衡又称为视觉色彩补偿现象,是指在色彩或光的视觉刺激后,视觉会瞬间残留与原有色彩或光成互补色映像的视觉现象。视觉色彩平衡理论能清晰地让我们认识视觉残像形成的原理,视觉残像是因为视觉色彩刺激感官产生兴奋所留下的痕迹而引发的,是眼睛长时间注视所致。

例如,当眼睛凝视一会红光后,眼内充满红色的刺激,这时,把眼睛迅速移至白墙,而青绿色光这时就会隐隐映在白墙上。同样,看橙色后会出现紫色,看绿色后会出现红色。我们把这种互显残像的色彩称为补色,这

图 2-6 补色现象图例

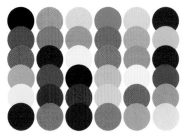

图 2 - 7 彩色系

种视觉现象称为补色现象。如图 2 - 6 所示,当眼睛注视左侧图片,盯住中心的黑点一段时间之后,会在图片的空白区域出现橙黄色的补色——蓝紫色,这时,再看向右侧图片,会在右侧的黑色的圆点周围出现蓝紫色的与左侧白色背景相呼应的图形。这都是视觉色彩平衡作用的效果。

## 第二节 色 彩 属 性

### 一、色彩分类

缤纷的色彩成千上万,归纳起来可以分为两大类:彩色系和无彩色系。

彩色系,是指在可见光谱中的所有色彩,常见的有红、橙、黄、绿、青、蓝、紫等颜色。种类比较繁多,色彩复杂,如图 2 - 7 所示。

无彩色系,也称为消色类(白、中性灰、黑)色彩,对光量只有反射强弱,没有选择性吸收;是指白色、黑色和由白色、黑色调和形成的各种深浅不同的灰色,如图 2 - 8 所示。

图 2 - 8 无彩色系

### 二、三原色、间色、复色

自然界有两种三原色,一种是光的三原色,一种是色料的三原色。

光的三原色为红、绿、蓝。根据三色理论,人眼的视觉神经中只存在对红、绿、蓝三种色光起感应的单元。

色料的三原色是指无法用任何其他两种颜色调配出的颜色,即红、黄、蓝三色。

间色又称为第二次色,人们把三原色中的红色、黄色、蓝色两两混合搭配后即可调出橙色、绿色、紫色。

复色也称为第三次色,是把一种原色与另外两种原色混合而成的间色再混合后而生成的色彩。如图 2 - 9 所示。

### 三、色彩混合

绚丽多姿的色彩大多数是由基本的色彩混合而成,把两种或两种以上的色彩或色光相互融合在一起,从而产生出另外的一种色彩或色光,即是混合。以色料三原色混合时,混合的次数越多明度越低;以色光三原色混合时,混合

图 2 - 9 三原色、间色与复色

的次数越多明度越高。

色彩混合的方式主要有：加法混合、减法混合、中间混合。

### 1. 加法混合

色光的混合称为加色法，又称加色效应，是指色光与色光混合产生第二次色的原理及方式。两色光或多色光相混合，产生的新色光明度增高，是参加混合各色光明度之和。色光混合越加越亮，见图 2－10。

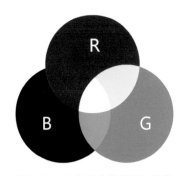

图 2－10　加法混合色光越加越亮

### 2. 减法混合

当两种以上的颜色相混合时，相当于白色光减去各种颜色的吸收光，其剩余部分的反射色光混合结果就是颜色混合产生的颜色。颜色混合种数越多，白光被减去的吸收光也越多，相应的反射色光也越少，最后趋近于黑色。因此颜色的混合被称为减法混合（图 2－11）。所谓减色法即是物体本色减去白光中与之对应的补色，反射了剩余的色光（两种色光）的颜色。

加法混合与减法混合的比较见表 2－1。

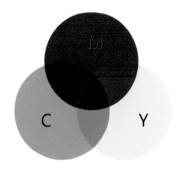

图 2－11　减法混合色料越加越暗

### 3. 中性混合

中性混合是指不同颜色进入视觉后才发生的混合，是基于人眼的生理机能限制而产生的视觉色彩混合形式。由于中性混合后所产生的现象既不是明度的增加，也不是

**表 2－1　加法混合与减法混合比较**

| 混合方式 | 加法混合 | 减法混合 |
|---|---|---|
| 原色 | 色光 | 色料 |
| 原色色相 | 红（R）、绿（G）、蓝（B） | 品红（M）、黄（Y）、青（C） |
| 原色与色谱关系 | 每一原色仅辐射一个光谱区色光 | 每一原色吸收一个光谱区色光，反射两个光谱区色光 |
| 颜色混合时色彩的基本变化规律 | 红＋绿＝黄<br>蓝＋红＝品红<br>绿＋蓝＝青<br>红＋绿＋蓝＝白 | 品红＋黄＝红<br>品红＋青＝蓝<br>黄＋青＝绿<br>品红＋黄＋青＝黑 |
| 混合效果 | 光源之间混合，新颜色的亮度为各光的亮度和，颜色饱和 | 两原色叠合新颜色的明度降低，纯度降低 |
| 用途 | 颜色的测量和匹配<br>彩色电视<br>剧场照明 | 对彩色原稿的分色<br>彩色印刷<br>颜色混合 |

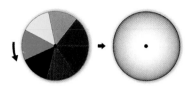

图 2-12　多色圆盘经快速旋转混合接近白色

明度的减弱，而是在混合后产生一种平均明度，因此称之为中性混合。常见的中性混合包括空间混合和旋转混合。

空间混合是将不同的颜色并置在一起，当它们在视网膜上的投影小到一定程度时，我们眼睛很难将它们独立地分辨出来，这时就会在视觉中产生色彩的混合。印刷中的网点、装饰中的马赛克、编织的面料都是空间混合的应用。

旋转混合的原理是视觉暂留与视觉渗合作用混合而产生的现象，用两个或两个以上的颜色置于一定面积比的转盘上，让转盘快速旋转，得到几种色相混合所产生的中间减法混合色，明度为其平均值。图 2-12 中展示的是对旋转混合的模拟，当左侧的彩色陀螺快速旋转时，几种色彩合为一体，不再多彩，而是接近一种灰白色，这是因为白色是多种色光的"混合物"。

四、色彩三要素

我们所感知到所有色彩，除了无彩色系只具有明度特征外，其他的有彩色系都具有色相、明度和纯度的三个要素，也称为色彩三属性。色彩的联想与象征、设计色彩的搭配都与色彩三要素有着直接的联系。

1. 色相（H）

色相（Hue）又称色别，是色彩的名称和相貌。它是色彩最基本的属性，决定着色本质，是区别各种颜色的主要标志（图 2-13）。色相决定于照射到人眼中的光谱成分，也即光的波长。波长不同的光，在人眼中就呈现出不同的色相。

2. 明度（V）

明度（Value），也叫色明度，是指色彩的明暗程度。色彩的明度有两种情况：一是同一色相不同明度；二是各种颜色的不同明度。每一种纯色都有与之相应的明度。黄色明度最高，蓝紫色明度最低，红、绿色为中间明度（图 2-14）。

图 2-13　七个基本色相

图 2-14　七个基本色相的明度

明度关系是搭配色彩的基础。明度最适宜表现物体的立体感和空间感。对于所有的色彩来说,白色的明度最高,黑色最低,灰色介于两者之间。彩色中,按黄、青、绿、品红、蓝顺序明度从高到低。明度主要受物体反光率的影响,也与物体本身的内部结构和表面特性有关。那些结构疏松粗糙不平的物体,较之质地坚硬表面平滑其反光率就不高,它就显得不明亮。

色彩的层次与空间关系主要依据色彩的明度对比来表达,只有色相对比与纯度对比而无明度对比,画面的图形就会难以辨认。

### 3. 纯度(C)

在色彩学中,纯度(Chroma)又叫饱和度、色强度、色度,另外它还有艳度、浓度、彩度等说法。当某种色彩与无彩色对比,无彩色成分愈高该色彩饱和度愈低,颜色也就越不鲜艳。反之,颜色愈鲜艳。在所有的色彩中,最饱和的色是光谱色。光谱中红、橙、黄、绿、青、蓝、紫等色光都是该色相中最纯的色。颜料中的红色是纯度最高的色相,蓝绿色在颜料中是纯度最低的。

色彩三要素之间是相互区别又互相联系的。任何色彩在纯度最高时都有特定的明度,随着明度的变化色彩的纯度也随之下降。高纯度的色彩中加入白或黑,该色相的纯度会降低,同时明度也随之提高或降低(图2-15)。熟练掌握、运用色彩三要素,会创造出丰富的色彩视觉感受。

## 第三节　色彩的表达方式

大千世界的色彩丰富多彩,正常人肉眼可分辨出的色彩达 1 000 种左右,而用测色器则可以分辨出 100 万种以上的颜色,就一般可识别的商业色彩也约有 50 万种之多。为了便于人们沟通和应用,各种色彩需要一定的方式进行表达,语言、文字和图形成为最为有效和简便的表达方式,即为每种色彩赋予一个恰当的名称,并运用平面或者三维

图 2-15　红色加入黑、白后的纯度变化

立体的形式把色彩的明度、色相和纯度的关系正确地呈现出来。

## 一、色彩命名

为了正确地表达和应用色彩,每种色彩都用一个名称来表示,这种方法叫色名法。色名法主要分为自然色名法和系统色名法两种。

自然色名法:以自然景物命名色彩的方法。由于自然色名法是建立在对自然生活的认知和联想的基础上,所以人们通过联想可以大致想象出色彩的印象。

如:以自然景色命名色彩:天蓝、天青、湖蓝、海蓝、曙红、雪青、土黄、土红、翠绿等。

以金属矿物命名色彩:金色、银色、古铜色、铁灰、铁锈红、石绿、石青、宝石蓝、宝石绿、翡翠、钴蓝、赭石、铬黄、金黄、银灰、煤黑等。

以植物命名色彩:草绿、茶绿、橄榄绿、柠檬黄、橘黄、杏黄、米黄、紫藤、栗色、咖啡色、茶色、橘红、橙红等。

以动物命名色彩:孔雀绿、猩红、象牙白、蛋黄、蛋青、鼠灰、驼灰、鹰灰等。

中国传统色彩以五行为依托,认为青、赤、黄、白、黑为正色,剩下的绿、紫、褐色为间色。中国传统色名(见表2-2)在特有的古代色彩体系下确立,随着人类文明的发展而丰富,形成了完整的色名体系。

系统色名法,是在色相加修饰语的基础上,再加上明

**表 2 - 2　中国传统色谱**

| 正色 | 青色系 | 天蓝、红青、金青、玄青、虾青、海青、石青、京青、墨青、灰青、柳青、螺青、天缥、碧缥、湘缥、潮蓝、翠蓝、蒲蓝、赤蓝、海蓝、宝蓝、湖蓝、月蓝、品蓝 |
| --- | --- | --- |
| | 赤色系 | 大红、脂红、银红、靠红、粉红、肉红、落叶红、枣红、乌红、不老红、梅红、小红、水红、亮红、高粱红、樱桃红、妒娇红、醉娇红、妃色 |
| | 黄色系 | 赭黄、拓黄、栀黄、嫩黄、杏黄、鹅黄、姜黄、柳黄、中明、密黄、明黄、米色、粉黄、藤黄、老湘、墨湘、银湘、古铜、泥金、菊黄 |
| | 黑灰色系 | 香皂、生皂、熟皂、青皂、包头青、元青、殊墨、鼠毛、栗壳、檀香、朱墨、青灰、银灰 |
| | 白及浅白色系 | 月白、漂白、草白、玉色、葱白、米汤娇、东方亮 |
| 间色 | 绿色系 | 鸭绿、油绿、葡萄绿、葱根绿、鹦哥绿、石绿、粉绿、柳绿、草绿、松花绿、叶绿 |
| | 紫色系 | 青莲、大紫、茄花紫、油紫、北紫、紫檀、雪青、鸡冠紫、红棕、黑棕、鸦青 |
| | 褐色系 | 金茶褐、酱茶褐、沉香褐、藕丝褐、鹰背褐、枯竹褐、檀褐、葡萄褐、湖水褐、银褐、砖褐、藕谷、栗色 |

度和纯度的修饰语。如红色系,可以用黄味红、极淡黄味红、明灰黄味红、灰黄味红、暗灰黄味红、极暗黄味红、淡黄味红、浊黄味红、鲜黄味红、深黄味红等色名来表达。红色通过色调的倾向以及明度和纯度的修饰就比较精确化了。国际颜色协会(ISCC)和美国国家标准局共同确定并颁布了267个适用于非发光物质的标准颜色名称(简称ISCC-NBS色名)。

自然色名法只能表达色彩的一般性质,是精确程度最低的一种表示方法。系统色名法采用附加特定的修饰语加以定性,同时加以系统化标定色彩,虽然精确程度仍不很高,但在一般的场合下使用有其一定的实用价值。

二、色彩体系

根据色彩三属性(色相、明度、纯度)的特征,按序列地用图形来表示色彩,这就是色彩图。色彩图分为平面色彩图和立体色彩图两种。"色立体"是立体色彩图的简称,它是以数学坐标方式对复杂多变的颜色依据色彩三属性的原则,运用三维空间立体结构,进行系列的有秩序地组合,从而揭示了色彩世界众多颜色之间的相互联系、相互制约的辩证关系和色彩调和的规律。色立体的出现,使色彩关系更加形象化,全面又科学地表达了色相、明度、纯度以及色调的关系,使得色彩的研究、使用和管理趋于标准化、系统化、简便化,为寻求色彩秩序和组合规律提供了一个有力的工具。

国际上,色立体有许多种,但原则上分为两类,即孟塞尔色彩体系(Munsell Color System)和奥斯特瓦尔德色彩体系(Ostwald Color System),这两个主要的色彩体系也是国际学术界公认的色彩体系。

1. 孟塞尔色立体

阿尔伯特·孟塞尔(Albert H. Munsell,1858—1918),美国画家、美术教育家。色彩体系的色标是由孟塞尔本人创造的。在孟塞尔色彩体系中,以色彩的三个属性,即色相、明度和彩度为基础,将色彩按其三属性特征依次排列在可见等度的刻度内,在标准光照和视域条件下,刻度是用来计算颜色的规格类别的尺寸和系数。

孟塞尔色彩体系的色相记号(H)。孟塞尔色彩体系以五个基本色为主:红(R)、黄(Y)、绿(G)、蓝(B)、紫(P);在五个基本色相之间插入黄红(YR)、黄绿(YG)、蓝

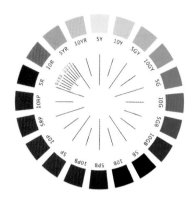

绿(BG)、蓝紫(BP)、红紫(RP)五个中间色,组成 10 个主要色相的色相环(五个基本色加上五个主要中间色)。每一个色相又可各自划分成 10 个等分度,即可构成 100 只色相的刻度。色相可以用 3R、10R 等方式来表达,如以红色为例,1R、2R、3R、…、10R 为色相标志,其中以 5R 为主要色相(以此为例,其他主要色相也是以 10 个等分度来划分,确定 5 级为主要色相标志,如 5YR、5Y、5G、5BG 等)。孟塞尔色彩体系中的色相环的直径两端的一对色相构成互补色的关系。色相排列顺序是按可见光谱色作顺时针方向系列排列(图 2-16)。

孟塞尔色彩体系的明度符号(V),是色立体的中心轴,为白—灰—黑的明度系列,是作为有彩色系各个色域范围内各色的明度坐标。从白到黑共分为 11 个明度等级,明度标号 10 级表示纯白色,明度最高;明度标号 0 级表示纯黑色,明度最低;明度标号 5 级表示为中等程度灰色和表示出现在纯白色和纯黑色之间明度中的所有颜色。孟塞尔色彩体系的中性色(无彩色系)的是以中心轴字母 N(Neutral)为标志的。

孟塞尔色彩体系的纯度记号(C),是由明度中心轴向色立体的表层方向横向延伸构成彩度轴,是从同一明度的中间灰以渐变、等间形式到一个指定的色相之间的横距数,分为 0~14 级。从灰色的彩度 0 一直延伸到彩度 14。它是依据所要求样值的色彩饱和度而确定的。横向水平的颜色彩度轴和明度中心轴的交汇点的色彩彩度为 0,横向延伸愈接近纯色则色彩彩度愈高,红色的彩度为 14。在色立体中各纯色相的彩度值各不相同,所以孟塞尔色立体呈现出一个不规则的、外形呈凹凸不平的表面粗糙的球状(图 2-17)。

孟塞尔色彩体系的色表法,是以色彩三属性为体系的 H、V、C 的符号来表示的,表示方法为:HV/C,如标号为 5R2/10 的颜色,表明色相为 5R,明度为 2,纯度值为 10。

### 2. 奥斯特瓦尔德色立体

奥斯特瓦尔德(Friedrich Wilhelm Ostwald,1853—1932),德国物理化学家、自然哲学家,1909 年诺贝尔化学奖获得者,奥斯特瓦尔德色彩体系的创立者,1921 年出版了《奥斯特瓦尔德色谱》。奥斯特瓦尔德色彩体系的色相环以红(R)、黄(Y)、绿(SG)、蓝(UB)为主要色相,在四个主要色相之间插入中间色橙(O)、黄绿(LG)、蓝绿(T)、

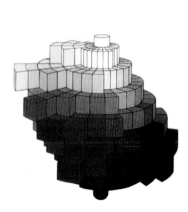

紫(P),组成8个基本色的色相环,在此基础上8个基本色相又各自三等分,分别以1.2.3为标志,其中2是代表基本色相。这样组成一个24色的色相环。色相的排列按照可见光谱作逆时针方向顺序,但在24色相环中的1~24编号则按顺时针方向,自黄色开始至黄绿色标定各色相位置(图2-18)。

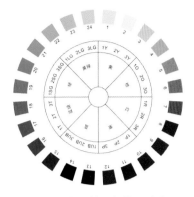

奥斯特瓦尔德色彩体系的明度中心轴为八级,分别以字母a、c、e、g、i、l、n、p来表示,每一个字母均表示一定的含白量和含黑量(见表2-3)。a表示最明亮的色标白,p表示最暗的色标黑。

图2-18 奥斯特瓦尔德24色相环

表2-3 奥斯特瓦尔德色彩体系含白量和含黑量图表

| 记号 | a | c | e | g | i | l | n | p |
|---|---|---|---|---|---|---|---|---|
| 含白量 | 89 | 56 | 35 | 22 | 14 | 8.9 | 5.6 | 3.5 |
| 含黑量 | 11 | 44 | 65 | 78 | 86 | 91.1 | 94.4 | 96.5 |

奥斯特瓦尔德色彩体系的中心轴和孟塞尔色彩体系的中心轴一样,为色立体的明度系列坐标。中心轴的顶端为白色(W),底端为黑色(B)。以明度中心轴的直线为三角形的一边,作一个等边三角形;处于三角形横向顶端的颜色为纯色,用字母C为标志。由标志C至字母W一边及标志C至B的另一边各划分成8个等分,而后作8个等分连接线构成28个菱形色区(有彩色系),每一个菱形色区内标以含白、含黑量的记号,并由此可以计算出纯色量(图2-19)。

在奥氏体系的色三角中,由a至pa的各菱形色区内颜色含黑量相等,属于等黑系列;由p至pa的各菱形色区内颜色的含白量相等,属于等白系列;与明度中心轴平行的纵向上的各色区的颜色纯度相等,为等纯度系列;不同色相而同一色域的各色,因其含白、含黑及纯色量的比例相同,为等色调序列。

奥斯特瓦尔德体系的色彩表述法是:色相号/含白量/含黑量;其计算方法是纯色量+含白量+含黑量=100。例如,某一色的色彩记号是14na,在奥氏体系色相环中14是蓝色的色相编号,n的含白量为5.6,a的含黑量为11,通过计算为100-5.6-11=83.4,这个纯色量为83.4,由此色彩的比例关系就可以知道是彩度饱和的蓝色。因此,奥斯特瓦尔德色彩体系的核心观点是:任何一种颜色,它的纯色量、白色量、黑色量的总和为100,由于

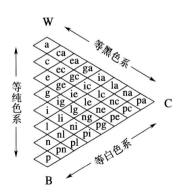

图2-19 奥斯特瓦尔德色相面

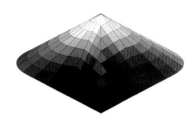

图 2-20 奥斯特瓦尔德色立体
图形

三者所占比重的不同,构成各种差异的色彩。在通常意义下的纯色,也带一点点黑、白量。

奥斯特瓦尔德色立体的标准色相均安置于同一水平线上(这一点与孟塞尔色立体完全不同),以三角形按中心轴旋转,构成外形规则的复合圆锥状色彩立体空间模型(图 2-20)。

### 三、计算机色彩应用模式

色彩学上把表色方法也称颜色模型或色彩模式。常见的色彩模型有四种,RGB 模型、Lab 模型、HSB 模型和 CMYK 模型,这些不同的色彩模型在不同的软件系统中都有体现,但在设计效果上,没有太多的明显差别。

#### 1. RGB 色彩模式

绝大多散光谱中的色光可以用不同比例、不同强度的 R(Red,红)、G(Green,绿)、B(Blue,蓝)三原色光组合重现,当三种原色光两两重叠,可以生成青、洋红和黄(CMYK 模型中的三原色)。由于 RGB 混合后产生白色,人们就将它们称为加色,由 RGB 组成的彩色系统称为加色系。加色系一般应用在显示屏、电视等发光器件中来产生和表述颜色。

RGB 色彩模式下的 R、G、B 的各自取值范围为 0—255,它们相互组合,可以产生 1670 余万种的不同色彩,这样我们就可以通过调整 RGB 的数值来获得某种精确的色彩。

#### 2. CMYK 色彩模式

CMYK 模型是基于印刷在纸上的油墨吸光的特性而产生的。当自然界的白光照射在半透明的油墨上时,部分光谱被吸收掉,另一部分光谱反射回我们的眼睛,这部分光谱包含的颜色就是我们所看到的油墨颜色。

CMYK 模式是用于印刷的模式,C(Cyan,青)、M(Magenta,品红)、Y(Yellow,黄)、K(Black,黑),每种颜色都是一张胶片,再通过制版,分四次印刷在同一张纸稿上完成最终的印刷色稿。

#### 3. Lab 色彩模式

Lab 色彩模式是以一个亮度分量 L 及两个颜色分量 a 与 b 来表示颜色的。其中 L 表示亮度,取值范围 0—

100,a 和 b 的取值范围是－128—128,a 分量表示由绿色到红色的光谱变化,b 分量表示由蓝色到黄色的光谱变化。

Lab 色彩模式是在图像编辑中应用最广的色彩模式,它是在 RGB 和 CMYK 色彩模式中转换的中间模式,在 Photoshop 软件中,Lab 模式下编辑的图像装换成 CMYK 模式时,色彩没有丢失或被替换。

### 4. HSB 色彩模式

HSB 模型基于人眼对色彩的视觉感受,由描述色彩的三要素构成。H(Hue,色相)用来描述由物体反射或透射的色光。使用一个标准的色轮来定位并量度,数字上使用 0—360 度表达。S(Saturation,饱和度),用来表达色彩的浓度或纯度。用 0%(灰)—100%(满饱和)的数字表示。B(brightness,亮度)用来描述彩色的相对的明和暗,一般用 0%(黑)—100%(白)之间的数量度。

通常情况下,在绘图软件中,这四种模型同时存在,依据用户的不同需求进行选择。以 Photoshop 为例,Photoshop 中的调色器是一个包含多种色彩模式的调色系统,其中包含了用于显示终端输出的 RGB 色彩模式、用于印刷输出的 CMYK 色彩模式、以色彩三属性为选择依据的 HSB 色彩模式以及用亮度和颜色分量表示的 Lab 色彩模式(如图 2－21)。

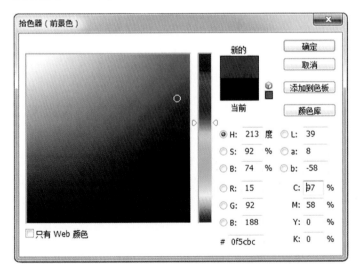

图 2－21　Photoshop 调色板(4 种色彩模式)

# 第三章　色彩的情感

## 第一节　色彩的感知

在自然与社会活动中，色彩是不同强度和不同波长的光照射到人眼中所形成的一系列的生理体验。色彩反映在人眼中，人们感受到色彩的诱目性、易见性、疲劳性、同时性等不同的色彩效果。

### 一、色彩的诱目性

用色彩的诱目性表示一种色彩能够多快地引起人们的注意，诱目性高的色彩更容易吸引人们的眼光。

色彩的诱目性与色彩的色相相关。对红、黄、蓝、绿、白五种色彩，分别做诱目性试验，诱目性从高到低的排序为：红色、蓝色、黄色、绿色、白色。红色是诱目性最高的颜色（图 3-1）。

与冷色相比，暖色的诱目性更高；与低纯度相比，高纯度的颜色诱目性更高；与无彩色相比，有彩色诱目性更高。但色彩的诱目性也会因颜色面积的大小、位置的不同而有所差异。

### 二、色彩的易见性

人们都有这样的感受，白纸上的黑字比白纸上的黄字看得更为清晰。因为人眼对于色彩的辨识能力有一定的限度。一种色彩能否被感知，不仅与色彩本身有关，也与它所处的环境相关，色彩的这一特性被称之为色彩的易见性。

色彩间的明度差异决定了色彩的易见性。当色彩之间的明度相差较小时，色的同化作用使得眼睛难以辨识图像，甚至使之消失。黄与黑、白与黑等明度差异大的色彩组合的易见性高，而黄与白、红与绿等明度差异小的色彩组合的易见性低（图 3-2、图 3-3）。

图 3-1　饭店门口悬挂的红色灯笼容易吸引食客的注意

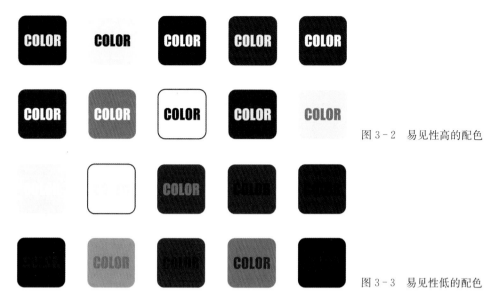

图3-2 易见性高的配色

图3-3 易见性低的配色

### 三、色彩的疲劳性

当人们过久地注视某一色彩,视神经受到刺激使得眼睛感到疲劳,而疲劳的程度与色彩的纯度成正比。因此,很多环境下,采用纯度高的色彩时要慎重。当疲劳产生时,视神经会暂时诱发对应的补色来进行自我调节,从而缓解眼睛疲劳。如外科医生手术时,视线里长时间看到血红色,容易造成视觉疲劳,引起误操作,为了避免这一现象的发生,医生的手术服颜色被设计成绿色。好多事例可以证明,人类的眼睛需要中间色,否则,视觉会变得不稳定。如图3-4所示,蒲蒲兰儿童绘本屋的地面和书柜都呈现柔和宁静的色彩,使人们的眼睛得到休息,不会给人以负担感。

图3-4 蒲蒲兰儿童绘本屋采用柔和<br>宁静的色彩

图3-5 色彩的同时性效果

四、色彩的同时性效果

当眼睛受到不同色彩的刺激时,对于色彩的感受是相互排斥的,使得相邻色改变原本的性质,向相反的方向发展。例如,将同一种紫色,放在红色与蓝色的底色上。在红色背景下的紫色偏蓝,而在蓝色背景上的紫色偏红,因为,紫色是红色和蓝色调和而成的,相同的成分减弱而不同的成分增强(图3-5)。

## 第二节 色彩的联想与象征

当人们看到某种色彩时,除客观上视觉本身对色彩的感知外,也伴随着一系列的心理反应,如记忆、情感、联想、象征等心理活动。色彩变化莫测,是每个人独有的心灵感受,且具有打动人心的魔力。色彩的感受因每个人的情感、心理和文化的不同而有所差异。

当色彩触发记忆中与该色彩关联的事物时,会激发相应的感情,这种现象被称为色彩的联想。联想分为具象联想和抽象联想。具象联想就是把色彩与某一具体的实际事物相联系,如红色会让人联想到太阳;而抽象联想则是把色彩与人们的抽象心理感觉相联系,如蓝色使人宁静,紫色让人感觉高雅。色彩的联想伴随着经验和知识的积累而不断丰富。

当色彩的联想在人们中间产生共识,并通过文化传承形成固定的观念后,色彩就有了其特有的象征意义。色彩的象征是在人们对于色彩的长期认识和感受的过程中慢慢积累而形成的一种观念。色彩的象征会因时间、民族、地域、文化的不同而呈现出不同的含义。因此,脱离象征所使用的情景和限定,色彩的象征意义也就随之消失。

下面概述几种常见色彩的联想和象征。

### 一、红色

#### 红色的联想

红色给人以力量、热情的感觉,能释放出强大的生命力。红色的跑车渲染出对速度与激情的渴望(图3-6)。

红色使人兴奋、情绪高涨,但有时也会增加紧张不安的情绪。相比于其他颜色,红色对情感的刺激最为强烈。

图3-6 红色跑车(刘东博 摄)

红色也会让人产生大胆、威严的感觉。深红色给人以庄严、稳重的感觉。因此,用于迎接贵宾的场所常铺有深红色的地毯。

但是,红色有时也会让人产生厌恶、恐怖、愤怒等情感。

### 红色的象征

红色使人联想到火焰,因此赋予红色以危险的象征含义,这种心理感受在日常生活中有着广泛的应用。例如,表示提醒、危险的红色在安全锤中的应用(图3-7)。

图3-7 红色的应急锤

红色是鲜血的颜色,在不同的情景下,有着不同的象征形态。红色是医疗机构的标志,代表了血液和心脏,被看作是生命的象征。有些部族认为红色具有特殊的魔力,让人既敬且畏,认为红色有驱逐邪恶的功效。鲜血般的红色象征着暴力下的血腥,而红旗的红色却象征着革命。

在东方,红色象征着幸福、吉利。长久以来,红色被用于各种庆典中,在重要的节日也常悬挂红色的灯笼。同样,在西方,红色也是装扮圣诞节的专属颜色(图3-8)。

### 二、粉色

### 粉色的联想

粉红色是在富有动感的红色中添加了白色。因此,粉红色没有红色那般强烈的感情表达,粉红色优雅、柔和、甜美且细腻,具有性感、柔弱的女性特质,有股挥之不去的性感味道。

图3-8 红色烘托出圣诞节喜庆的气氛

粉红色使人联想到青春、娇艳、柔美(图3-9)。浪漫、甜美的粉红色中具有打动男性心理的因子。所以男性格外喜欢穿粉红色衣服的年轻女性。

粉红色也会让人联想到母爱,具有温顺、安静的特性。在心理上,具有镇静的效果,给人以温暖、亲切的感觉。

然而,粉红色也会让人不自觉地感到肤浅、轻薄和幼稚,因而粉红色缺乏红色的庄严感。

### 三、黄色

### 黄色的联想

黄色是一种十分明亮的颜色,给人以欢愉的感受,使人乐观,具有轻盈、大胆和外向的特性。

金色是一种特别的黄色,是贵金属的颜色。金色富丽

图3-9 粉嫩的花朵

图 3-10　金黄色的宫殿(周森 摄)

堂皇,给人以华贵的印象。小面积地使用金色点缀,使人眼前一亮;而大面积地使用金色,则显得豪气或者浮夸。

黄色也有其负面的联想。当植物枯黄或人们面呈病态时,都呈现出灰黄色,因此,黄色也给人以颓废、病态的感觉。同时,黄色也给人逃避责任或自由不羁的印象。过度使用明亮的黄色,会使人产生焦躁的心理感受。

### 黄色的象征

黄色是秋日成熟庄稼的色泽,呈现出深沉而丰饶的形象。因此,黄色是富有与财富的象征,而金黄色是这种象征意义的极致。自古以来,金黄色就是权力和财富的象征(图 3-10),穿着金黄色服装的人具有华美富丽之感,配有金饰的人成为别人艳羡的对象。

在法国大革命期间,黄色是胆怯的颜色。如果被认为是新政权的叛逆者,家门口就会被刷上黄色的油漆。

### 四、橙色

### 橙色的联想

橙色是由红色和黄色混合而成,橙色中融合了红色的炙热和黄色的明艳。橙色使强烈的红色变得温暖,充满朝气;橙色使明亮的黄色变得柔和,充满了力量感。因此,橙色是暖色系中最温暖的颜色。

在自然界中,橙色是日落的颜色,面对橙色的晚霞会让人感到心情舒畅。橙色也会让人联想到熊熊燃烧的火焰,温暖且富于动感。橙色中没有认真、沉重、憋闷的元素,给人以喜悦和快乐感。如图 3-11,在美国奥本大学的运动场上,充满了校园色——橙色,让人们感受到橄榄球赛场上的热情与活力。

图 3-11　美国奥本大学运动场

橙色具有很高的辨识度。在日常生活中,被用于火车头、背包、救生衣、食品包装上。在工业安全中,常用橙色作为警戒色使用。如图3-12,在地铁站内的地面导示标识就采用了橙色,比较醒目,易引起人们的注意。

### 橙色的象征

在古代中国的传统中,橙色是爱情与幸福的象征,表达了无拘无束享受幸福生活的愿望。

很多蔬菜水果的颜色为橙色,橙色也被称为"营养颜色",是一种能够刺激食欲的色彩。橙色的水果也有着各自不同的象征含义,例如,橘子象征喜悦与太阳的力量。

### 五、蓝色

#### 蓝色的联想

蓝色让人联想到大自然中一望无际的大海和明亮澄净的蓝天(图3-13),让人感到舒适、宁静和安定。

蓝色具有洁净、清爽的特质,给人以明朗、富有青春朝气的印象。所以通常用蓝色表现年轻、运动的时尚气息。

不同的蓝色具有不同的效果。柔和的蓝色给人以温

图3-12 地铁站内的导示色彩,辨识度高

图3-13 蓝色让人联想到大海与蓝天

图 3 - 14　蓝色的墙面让人有凉爽舒适之感

柔的印象,浅蓝色给人以冰雪之感(图 3 - 14),深蓝色显得稳定、高远,给人以大度、庄重和权威之感。因此,在商业领域中,许多企业选择深蓝色作为标准色,传达出冷静、睿智的企业形象,给人以信赖和权威的感觉。但是,有时蓝色也会让人感到沉稳、安静,因此会留给人伤感、忧郁的印象。

### 蓝色的象征

蓝色具有许多与"天"相关的象征含义(图 3 - 15)。在神话中,蓝色是天父或天神的象征。在古希腊和古罗马时期,宙斯和朱庇特被供奉于蓝色的殿堂中。

蓝色还具有冷静、理智和永不言弃的含义。在许多国家,警察的制服和救护车的警报灯都选择蓝色。

图 3 - 15　蓝色是天空的颜色

## 六、绿色

### 绿色的联想

绿色表达了人们对于自然的强烈渴望，从春到夏，从嫩绿到会呼吸的森林绿。自然界到处都是绿色的身影，绿色是自然界中的王者之色(图 3 - 16)。绿色使人们的身心放松，内心得到平静的同时也带给人们活力与生命，具有轻快且清爽的形象。

绿色，带给人们春天的气息，代表了新生命的萌发与成长(图 3 - 17)。在韩国的传统婚礼中，新娘的绿色礼服表达出对新人多子多孙的祝福。

虽然绿色是许多有益于身体健康的蔬菜的颜色，但是绿色也会让人联想到毒药。因此，通常不采用绿色作为药品的颜色。

### 绿色的象征

绿色象征着生命和安全。因此，邮政、机场的快速通道和交通信号的通行灯都是绿色。

在清新的大自然中，绿色的植物有助于人的疗养、休息。因此，绿色是旅游与疗养的象征色。

图 3 - 16　绿色是大自然的颜色

图 3 - 17　萌发出的绿色新芽

在近代大工业生产中，人们逐渐意识到自然与环境的重要性，提出了"绿色概念"，提倡环保、回归自然的理念，许多企业和设计师积极投身于绿色运动中。

七、褐色

### 褐色的联想

褐色是肥沃土地的颜色，被称为生命之色，有富饶和丰盛的含义。褐色具有安静、舒服的特质。

大概是因为巧克力、咖啡、红茶等都呈现出褐色，所以褐色会让人联想到美味可口的饮食。

图 3 - 18　褐色的落叶给人以衰落感

### 褐色的象征

褐色让人联想到生命的衰竭，有沉重衰落之感（图 3 - 18）。所以，褐色是死亡和腐烂的象征。画家在表现静谧的氛围时会使用褐色。

图 3 - 19 美国化石公园内的山石呈现暗紫色,散发出孤独却庄严的气息

## 八、紫色

### 紫色的联想

暗淡的紫色或带有灰色的紫色给人以腐败、不详、死亡和沉闷的印象。而带有浅灰色的紫色,使人联想到太空,给人以幽雅、神秘的时代感。带有蓝色的紫色,具有深厚感,使人联想到威严与庄重(图 3 - 19),同时传递出孤独和伤感的气息。红色味的紫色,带有女性的特质和华丽感。

### 紫色的象征

紫色是大自然中最为稀有的颜色,因此,紫色自古以来就象征着富贵与华丽。在中国,高官贵族才有资格穿紫色的服饰;在古希腊,紫色则是国王的颜色。

紫色是连接象征上天的蓝色和象征人血的红色的中间色。对于向上天表达人类意愿的神职人员,紫色是最适合表现其尊贵地位的色彩,因此希伯来教与早期基督教的神职人员都身着紫色的圣衣。

紫色代表着唯美的生活,因而被认为是虚荣、做作、奢侈的颜色。而灰暗的紫色让人联想到伤痕、血斑,给人以不安、灾难和痛苦的感受,因此紫色有时被认为是不祥的颜色。

图 3-20 白色的绣球花

图 3-21 落在树枝上的洁白的雪

图 3-22 白色的瓷器有洁净感

图 3-23 黑色的楼梯有庄严稳重之感

## 九、白色和黑色

### 白色的联想

白色具有干净、崭新和容纳一切变化的特性，象征着崇高的奉献，给人以希望、和平、神圣和可信赖之感。

白色可以反射其他颜色的光，因此使人感到洁净与纯粹（图 3-20～3-22）。

但白色也会有逃避现实、被动的一面。滥用白色会给人空洞、腻烦的感觉。

### 黑色的联想

长久以来，人类对黑色存有敬畏感，因此黑色有庄严、肃穆感（图 3-23）。

黑色象征着权力与威严，神父、牧师、法官都身着黑袍。黑色的礼服、燕尾服给人以高雅庄重的印象。

但是，黑色更多的时候带给人的是对黑暗和未知世界的恐惧。因为黑色能吸收所有的光，渲染出阴森恐怖的气氛，带给人们神秘、恐怖、空虚和绝望，因此黑色让人联想到死亡与葬礼。

### 白色和黑色的象征

白色和黑色象征着善与恶、光明与黑暗，最能体现黑白含义的莫过于中国古代象征阴阳的太极图。在太极中，白色为阳，象征着男性、火热、主动和明亮；而黑色为阴，象征着女性、寒冷、被动和黑暗。

图 3-24 圣家族教堂的暖灰色的外立面具有沉稳感

白色在中国是与死亡相联系的。在丧礼上使用的物品,如花圈、孝服等多是白色的。与此相反,在西方文化的婚礼上,新娘身着象征着喜悦与纯洁的白色婚纱。

### 十、灰色

#### 灰色的联想

灰色虽不具备华丽感,但却有岁月的沧桑感,有着浑厚、洗练的韵味。因此,被运用于需要表现高贵、优雅的氛围。在商业设计中,常采用灰色设计企业或产品的形象,强调并提升其品位。

略有色相感的灰色给人以精致、高雅、稳重的高档感(图 3-24)。灰色与任何颜色相配都给人含蓄、柔和、沉稳之感。僧人的灰色僧侣服则让人感到温暖平和,没有攻击性。

灰色会使人联想到灾难与事故、灰尘与蜘蛛网、煤炭与灰烬,因此,灰色有混乱、模糊、不舒服之感。而肮脏的城市、灰色的天空、工业化的阴影,使得灰色给人以凄凉阴暗的感觉(图 3-25)。

综上归纳出以上各种色彩的积极联想和消极联想,见表 3-1。

图 3-25 灰色的泥浆给人以凄凉阴暗之感

表 3-1 色彩的积极联想与消极联想

| 色彩 | 积 极 联 想 | 消 极 联 想 |
|---|---|---|
| 红色 | 温暖、活泼、兴奋、积极、热情、爽快、名誉、幸福、充实、健康、忠诚、希望 | 疲劳、攻击性、好色、卑俗、性急、危险、不沉着、虚荣、暴力、原始、幼稚 |
| 粉色 | 可爱、幸福、愉快、甜美、梦幻、优雅、柔美、温馨 | 不自信、浅薄、幼稚 |
| 黄色 | 喜悦、光明、健康、智慧、太阳、权力、功名、辉煌、希望、生机、轻快、活泼 | 欺骗、轻薄、轻率、胆怯、冷淡、自私、不稳定、变化无常 |
| 橙色 | 宽容、温柔、勇敢、温暖、自豪、自由 | 烦躁、迟钝、轻率、傲慢、浪费、虚荣 |
| 蓝色 | 沉静、和谐、利落、诚实、高深、虔诚、慎重、理智 | 悲哀、凶狠、压抑、迟钝、盲目、执迷、刻板、冷漠、寒冷、疏离 |
| 绿色 | 成长、收获、宽容、新鲜、幸运、爱情、生机 | 怀疑、嫉妒、腐败、倒霉、贪欲 |
| 褐色 | 收获、生命、丰富、成熟、舒适、谦让、随和、古朴、文雅 | 沉闷、悲凉、腐败 |
| 紫色 | 平静、高贵、奢华、优美、庄重、无私、公正、神秘 | 暧昧、孤寂、消极、高傲、势力、傲慢、独裁、无情、欺骗 |
| 白色 | 纯洁、朴素、清白、纯真、光明、整洁、宁静 | 单调、乏味、空虚 |
| 黑色 | 神秘、含蓄、沉静、严肃、庄重 | 沉默、不祥、恐怖、悲哀、消亡、罪恶 |
| 灰色 | 大方、平稳、细致、柔和、尊敬、现实、神秘、包容、小心 | 阴郁、厌烦、畏缩、背叛 |

## 第三节 色彩的民族性与地域性

### 一、色彩的民族性

在长期的历史中,形成的具有共同语言、经济以及文化上共同心理的稳定共同体,被称为民族。世界上有很多民族,每个民族因历史、地域、文化、宗教等不同因素,对于同一色彩的接受程度也不尽相同,因而呈现不同的差异。

在历史上,汉族盛行五行学说,其中的五行(金、木、水、火、土)对应的五色(白、青、黑、赤、黄)。五色利用相生关系,维持色彩的强度平衡。朱红在五行学说中表示"南方"。日本的"阴阳道"与五行说相似,因受其影响,日本的神社"鸟居"多采用朱红色。

在地域上,每个民族所使用的色彩具有其独特的文化特征,表达不同的含义。位于墨西哥的恰帕斯州住着一支个性强悍的查姆拉部落,这个部落是古老玛雅文化和传统天主教文化的融合体。无论在西方还是在东方,一般情况下,墓地仁立着或黑或白的墓碑或十字架。而在查姆拉部落的聚居地,教堂正前方的墓地不只摆放一个十字架,有时四五个十字架整齐地排列在同一个墓地上。这些十字架分为三种不同的颜色,颜色代表着死者逝世的年龄:黑色代表老人,白色代表年轻人,而蓝色代表其他年龄的人。

在民俗上,某些色彩因为当地的人文环境和民风民俗而受到格外的青睐。靛蓝和普蓝在中国民间有着广泛的应用,成为一些民族的象征。在江苏南通,蓝印花布用于生活中婚丧嫁娶的各个方面。深蓝布在民间俗称青布,"青"同"亲"谐音,象征婚后双方亲亲爱爱、幸福一生。因此,老百姓家中凡有子女婚嫁,父母很早就把自家纺织的白布染成比蓝更深的青蓝布,为婚礼作准备。

在宗教上,受宗教的影响,不同的民族对色彩也形成了不同感受。同是黄色,在基督教中,因为出卖耶稣的犹大身着黄衣,所以,黄色有卑鄙、背叛、狡诈之意;在伊斯兰教中,黄色被视为死亡之色;在佛教中,黄色因其具有崇高、智慧、神秘、威严的含义,是庙宇、僧衣的惯用颜色(图3-26)。

但是,色彩的民族性会随着时间的推移和社会的变迁不断发生变化。例如,五行学说中的黑、白两色,在中国古代社会是比较禁忌的颜色,是丧葬礼仪中专用的颜色。但在现代社会中,黑白色已转身成为时尚的代表色,是稳重大方的配色。

图3-26 佛教中多采用金黄色象征着智慧与中道(周森 摄)

### 二、色彩的地域性

每片土地都有其代言的地域色彩。当地的人们不断运用地域色彩,在漫长的岁月中创造出独特曼妙、不可思议的色彩形象。地域色彩代代传承,成为当地日常生活中独有的配色技巧。

色彩学家的研究表明,色彩与某一地区的地域环境、气候条件息息相关。意大利的一位色彩学家对日光的颜色进行了测试,北欧的日光接近偏蓝的灯光色,而南欧的阳光接近偏黄的灯光色。生活在位于南欧的意大利人,长期生活于偏黄橙色的阳光下,自然而然对暖色调的黄色、红色有更多的偏好;而北欧的日光偏蓝色,造成了北欧人对冷色调的青色、绿色的喜爱。

对色彩的习惯和偏爱与自然环境有着密切的联系,但有时在生活中,对色彩的喜好表现出与地域习惯刚好相反

图3-27 城市的家居多采用柔和雅致的色彩

图3-28 民族服装色彩(周森 摄)

的心理要求。在农村,室内采光不足,农民更偏爱强烈鲜艳的色彩,在墙上粘贴的年画就多采用对比鲜艳的色彩;而城市,室内采光良好,住房面积相对狭小,使得人们更偏爱柔和、雅致的颜色营造一个安静、平和的空间(图3-27)。

各国的人文思想和民族习惯形成了色彩独特的地域性特色,因此色彩传达出不一样的视觉感受和心理认知。中国云南是中国少数民族聚集地,服饰特点突出、用色纯朴、精美端庄、民族韵味浓重;尼泊尔虽是一个虔诚信仰佛教的国度,但他们的服饰色彩斑斓且多采用鲜艳的颜色,具有粗犷艳丽感(图3-28)。

一方水土养一方人,不同的自然环境和文化背景形成了不同的具有代表性的地域色彩。在设计中,利用不同地域文化的色彩印象,可以创造出独有的情感特征,获得使用者心理的认同感和归属感。同时,在产品设计时,要充分考虑产品使用者的民族、地域的色彩喜好,避免用色冲突带来不必要的设计缺陷。

## 第四节 色 彩 效 应

### 一、色彩的生理效应

每一种色彩都会传达出丰富而细腻的色彩语言,使人们在生理和心理上形成一系列的反应。

### 1. 色彩的冷暖感

不同的色彩能够使人产生不同的冷暖感觉。有的色彩

图 3-29 暖色

图 3-30 冷色

使人感到温暖,仿佛站在明媚的阳光下;有的色彩使人感到寒冷,仿佛站在阴冷的雨水中。

色彩的冷暖和色相有直接的关系。具有温暖感的暖色大致有红色、红橙色、黄色、黄橙色、红紫色,暖色使人联想到太阳、火焰,暖色刺激性强,让人感到热情、积极、兴奋(图 3-29)。具有寒冷感的冷色大致有黄绿色、绿色、蓝绿色、蓝色、蓝紫色,冷色使人联想到冰雪、海洋,给人平静、幽深、内向的感觉(图 3-30)。

然而同一色相本身也有冷暖的差别,红紫比蓝紫温暖,中绿比翠绿温暖。

在无彩色系中,通常白色是冷色,黑色是暖色,灰色则是中性色。黑白色与其他色彩,特别是纯度高的色彩放在一起,也会产生冷暖感。如灰色比蓝色有温度,灰色比橙色温度低。

在产品设计中,色彩的冷暖感需要考虑产品所使用的环境及其使用功能。使用者对色彩的冷暖感知应该与产品的功能相一致。例如,保鲜制冷类的产品一般会选择给人以清凉感的配色设计方案(图 3-31);而厨具产品则可以选用暖色系的配色,提醒使用者炊具的热度(图 3-32)。

图 3-31 水壶采用白色与蓝色的搭配,有清凉之感

图 3-32 暖色调的电热锅设计(深圳市凯隆工业设计有限公司)

图 3-33 白色蒲公英被
轻轻一吹飘向了空中

### 2. 色彩的轻重感

产生色彩轻重感的主要原因在于人们的联想。明度低的色彩容易使人联想到钢铁、大理石等物品,产生沉重、降落的感觉;明度高的色彩使人联想到白云、棉花等事物,产生轻柔、上升的感觉(图 3-33)。通常在室内配色中,采用上轻下重的手法来营造温馨雅致的氛围。

在明度上,明度越低越重,明度越高越轻。选用明度高的浅色系可以表现出轻盈的感觉。

在色相上,色相的轻重次序排列为白色、黄色、中灰色、绿色、蓝色、橙色、红色、紫色、黑色(图 3-34),纯度高的暖色具有重量感,纯度低冷色具有轻盈感。

图 3-34 色相轻重感(由轻
到重的顺序排列)

在纯度上,纯度极高或纯度极低的颜色感觉重,而中纯度的颜色轻(图 3-35、图 3-36)。除此之外,透明色比不透明色轻。

在产品设计中,上部用具有轻感的色彩而下部用具有重量感的色彩,在心理上具有稳定感;而采用相反的配色

图 3-35 沉重的颜色

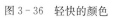

图 3-36 轻快的颜色

方案,则使产品更具动感。例如,图 3-37 所示的这款电熨斗,上部采用浅灰色和金属银色,下边采用较深的蓝色,使得整个产品显得稳重。

有的产品需要深色来表达厚重感,而有的则需要浅色来表达轻盈感。如音箱多采用重金属或深色,给人以分量感和对音质的信任感。而图 3-38 所示的船体则采用了大面积的白色,给人以轻盈、动感。

3. 色彩的软硬感

在色彩中,亦可有柔软与坚硬两种不同的感受。

在明度方面,明度高的颜色在人们的心理上产生柔和的感觉,明度低的颜色则会给人以坚硬的感觉;但纯白色却比较高明度的粉红、粉蓝等显得坚硬。为了更集中地凸显柔软感,可以将明亮的色彩与柔软的材质相结合,共同表现出纤柔的感觉。

在纯度方面,纯度低的色彩具有柔软感,中纯度的色彩也有一定的柔软感,就如同骆驼、狐狸、猫、狗等动物的皮毛给人非常柔软的触觉感。而纯度越高的色彩越具有坚硬感。

在色相方面,暖色系具有柔和感,而冷色系则显得较坚硬。

在无彩色系的各色中,白色与黑色较坚硬,而灰色较

图 3-37 配色稳重的电熨斗

图 3-38 巴塞罗那港口停靠的船只

图 3-39 煮蛋器(设计:张特;指导教师:杨松)

柔和。在任何一个色相中加入浅灰色,会使其变为明亮的浊色,产生柔软感;反之,在纯色中加入黑色,则具有坚硬感。

在产品设计中,色彩的软硬感可以增强产品的形态感,表达产品的性格,选择对比度高的色彩,会使得产品显得结实耐用。比如煮蛋器应用白色、绿色和褐色,浅白色的上部最为坚硬,与鸡蛋蛋壳的硬度相呼应;主体所采用的纯度较高的绿色具有一定的柔软感;而褐色的底座在色彩上感觉最为柔和,与上部的白色形成较强的对比(图 3-39)。

**4. 色彩的强弱感**

色彩的强弱与纯度有关。纯色是色彩饱和度最高的颜色,属于强色,使人产生明快、强烈、兴奋的感觉。在色彩设计中,倘若想要表达强烈的感情,起到引人注意的效果,就有必要使用这些鲜艳的颜色(图 3-40)。

图 3-40 打印机概念设计(设计:邵腾;指导教师:杨松)

色彩经过混合后,纯度会下降,趋于柔和。接近无色调的低纯度时,刺激性最弱,属于弱色。弱色有温婉、柔和感。纯度越低,色彩强度越弱。

根据产品的使用环境,合理地运用色彩的强弱感。例如,在书店里,无论是室内环境的设计还是配套家具的选择,都会选择对比较弱、让人感到柔和的色彩,营造出轻松、愉快、闲适的读书购书的氛围(图 3-41)。对比强烈的色彩给人以力量感,雪弗莱的"大黄蜂"用纯度高的明黄与明度最低的黑色,形成了强烈、鲜明的对比效果,传达出产品的力量感与速度感。

**5. 色彩的进退感**

感觉较突出的色彩被称为"前进色",而感觉较收缩的色彩被称为"后退色"。色彩的前进感和后退感具有相对性,单独的一个色彩是无所谓前进后退的。

色彩的进退感与色相、纯度、明度、面积等多种因素相关。通常情况下,暖色、高饱和度色、高明度色、强对比色、大面积色、集中色等会产生不断逼近眼帘的前进感;而冷色、低饱和度色、低明度色、弱对比色、小面积色、分散色等有使人产生逐渐远离人们视线的后退感(图 3-42、图 3-43)。

在色彩设计时,应用色彩的进退感可获得较好的层次感,获得较深远的空间效果。只要把握好色彩的进退感,就能产生千变万化的色彩效果。在产品设计中,通过对色

图 3-41 三联书店内摆放着淡色系的书架与深灰色的地毯

图 3 - 42　明度的差异与色彩的前后感

图 3 - 43　色彩的高饱和度与色彩的前后感

彩进退感的强调,引导使用者的视线读取某些信息或操作某些部件。如图 3 - 44 所示,该时钟的指示部分,通过运用强烈的黑白对比色,使得使用者第一眼就能看到表盘的指示部分。

二、色彩的心理效应

色彩除了给人具象的联想外,经过思考,还会与以往的记忆及经验联系在一起产生抽象联想,从而产生色彩的心理效应。

1. 色彩的华丽、质朴感

繁华喧嚣的都市街道给人华丽之感,生活中农家房舍给人质朴之感,这两种抽象的感受就是色彩所具有的华丽感和质朴感。

色彩的华丽、质朴感,与色彩的色相、纯度、明度都有关联。

在纯度上,纯度高的色彩色感丰富、对比强烈,产生华丽辉煌的感觉,如华丽的舞台布景;纯度低的色彩色感单薄、对比不强烈,产生质朴古雅的印象,如素净的水杯,褪色的衣物。搭配较深暗的颜色,传达出素洁、朴质、清淡的印象,如灰紫色,淡灰绿色,给人柔和、协调、自然的感觉(图 3 - 45)。

在色相上,红橙色系易产生华丽感,例如橙红色、金色、紫红色等,易制造出富贵绚烂的气氛(图 3 - 46)。

在明度上,活泼明亮的色彩给人以华丽感,而暗色调、灰色调、土色调给人以质朴感。

除色彩外,产品的材质,也能为产品带来华丽、朴素感。表面光滑、富有光泽的产品具有华丽感;而哑光面、光泽度低的材料,则具有朴素感。任何色彩,一旦带上光泽

图 3 - 44　应用色彩进退感设计的时钟

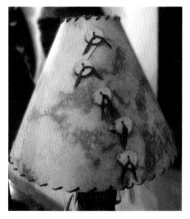

图 3 - 45　缀以木质扣子的土色系灯罩给人以朴素感

图 3-46　活泼、明亮的彩色马赛克给人以华丽感

图 3-47　美国赖斯大学的檐廊

图 3-48　迪斯尼乐园游览车上的扶手

（如印刷工艺中覆膜或者混合荧光色等），都能获得华丽的效果。

### 2. 色彩的活泼、庄重感

多姿多彩、热闹无比的迪斯尼乐园营造出活泼生动的氛围，而政府机构则普遍让人有庄严肃穆之感，这就是色彩所具有的活泼感和庄重感。

暖色、高纯度色、强对比色，感觉积极、活泼、有生气；而冷色、低纯度色、低明度色，感觉庄重、威严。但有时，某些高纯度、高明度的暖色也给人庄重的印象。比如美国赖斯大学的檐廊采用了暖色系的红砖和白色的大理石，使人产生庄重肃穆的视觉印象（图 3-47）。

在产品设计中，高对比配色可赋予产品更加强烈、丰富的视觉效果，从而塑造直观的产品印象。如图 3-48 所示，迪斯尼乐园游览车上的扶手，用色彩纯度高的红色、黄色和黑色的组合，形成高对比的配色，在细节上构建出儿童乐园活泼、有生机的氛围。

### 3. 色彩的兴奋、沉静感

当面对着炎炎沙漠时，会心烦焦躁，当面对一潭碧水时,则会心平气和,这便是色彩展现出来的令人兴奋与沉静的特性。

色彩的兴奋、沉静感与色彩的色相、明度和纯度都有着密切的关系。

在色相方面,红色、橙色、黄色等鲜艳而明亮的色彩,会使人在心理上产生兴奋感,蓝色、蓝绿、紫色等色彩则产生宁静、深远的感觉。

在纯度方面,高纯度色能通过强烈的视觉刺激调动人们的情绪;而低纯度色具有抑制心理亢奋的作用。

图3-49 自行车采用多色搭配,充满视觉上的活力(刘远东 摄)

在明度方面,明度较高的色彩具有煽动性,倾向于兴奋色,明度较低的色彩具有消极、镇静的作用,倾向于冷静色。

在产品设计中,应用具有兴奋感的色彩可以激发人们的活力与热情,同时赋予产品十足的动感。适合短途的交通工具自行车,不仅具有代步功能,同时也可以作为运动、健身器械使用。在色彩设计上,可以采用颜色张扬且多色的搭配,给人以充满活力与热情的感觉(图3-49)。

飞机乘坐空间的色彩基调多以灰色为主,配合暖调的灯光,体现其平静稳重的感觉;在地铁上,乘坐人员比较多,运作时间比较长,所以也同样采用无彩色系的灰色为主,点缀以蓝色等有彩色,营造出一种和谐、宁静的空间氛围(图3-50)。

### 4. 色彩的舒适、疲劳感

在生活中,当人们看到草地时,会产生舒爽、畅快的感觉;而城市夜晚的霓虹则会让人产生眼花缭乱的晕眩感。色彩能够带给人们或舒适或疲劳的心理感受。

在色相上,具有强烈刺激感的红色、橙红等色彩容易让人们感到疲劳;而蓝绿、淡紫色等不具有强烈刺激感的色彩能够使人产生非常舒适的感觉。

在明度上,明度对比弱使人感到舒适;而对比过强,则容易使人感到疲劳。

在纯度上,低纯度色刺激性弱,让人感到舒适;而高纯度色刺激性强,使人感到眩晕。

### 5. 色彩的廉价、高档感

生活中人们购买的商品有廉价、高档之分,通过色彩也可以判断出产品的不同价位。

图 3-50 宁静和谐的乘坐空间

在产品材质相同的条件下,色彩的不同属性能产生相应的廉价、高档感。

在色相上,粉色、淡黄色、玫瑰红等色彩常会产生低质、廉价的印象,而黑色、金色、紫色则会给人高档、有品之感。

在明度上,明度高的色彩易产生廉价感,而明度低的色彩具有高档感。

在色彩的数量上,配色繁杂的产品给人廉价的心理印象,而配色简单的产品能营造高档的氛围。

因此,色彩鲜艳的浅亮配色,如高明度的红色、粉色、黄色、紫红色,会给消费者物超所值的感觉。而低明度且配色简单的色彩,如深红色、金色、深紫色、黑色能营造高雅、昂贵的氛围,使人产生高档、富有品位的感觉,能提升产品的附加值。例如,照相机一般采用黑色哑光机身,表达了相机稳重、精密、高档次的感觉。

### 三、设计色彩的通感联想

在特定的环境下,人们的感官之间可以彼此沟通,视觉、听觉、触觉、味觉、嗅觉,五种感官可以互相沟通、转换,使彼此之间的界限模糊,这种感觉的挪移,称之为通感。因此,人们对色彩的感受是多方位的,可以超越色彩所提供的单纯的视觉信息,听觉、味觉、嗅觉也会使人们联想到色彩,影响人们对色彩的知觉与感受。

#### 1. 色彩的听觉通感

可以色彩的色相来表现不同的声音,在不断突破中寻找表现的可能性。例如用白色、浅绿色、湖蓝色、深灰色表现寂静；用粉红色、浅灰色、绿色表现轻声；用黄色、紫色、黑色表现大声；用红色、橙色、中黄色、赭石色表现喧闹。

色彩的明度和纯度可以与音调的高低相对应。明度高、纯度高的色彩与音乐中的高音对应，明度低、纯度低的色彩则与低沉浑厚的低音相对应。

### 2. 色彩的味觉通感

美食给人色香味俱全的印象，而色彩是美食给人们的第一印象，色彩搭配合理的食物能增进人们的食欲。色彩的味觉通感是人们品尝某种食物后，食物的色彩与味道留给人们的印象所产生的。例如，草莓的红色给人甜美的感觉，而辣椒的红色则会让人联想到辛辣的味道。

一份心理实验报告显示：白色、黄色、浅红、橙红具有甘苦味；绿色、黄绿、蓝绿具有酸味；蓝紫、褐色、灰色、黑色具有苦味；暗黄、红色具有辣味；茶褐色具有涩味；青色、蓝色、浅灰具有咸味；白色清淡；黑色浓咸。

一般来说，亮色调的食物比暗色调的食物容易引起食欲，使人有食品新鲜、卫生和美味的感觉。暖色调具有刺激人食欲的作用，其中以橙色为最佳，因此，餐饮行业多以暖色调作为企业的标准色。

### 3. 色彩的嗅觉通感

在生活中，人们会接触到各种不同味道的气体，气味的联想与嗅觉的联想相似，是从生活的体验而来。

嗅觉的通感与色相相关。一份心理实验报告指出：暖色如红、黄、橙，具有芳香感；冷色如绿色、蓝紫色，则散发出腐败的味道；深褐色使人联想到烧焦的食物，仿佛使人嗅到烧焦的臭味。

# 第四章　色彩在产品中的表达

设计理论家布德克说过："设计并不仅只是产生一个物质实体，它还必须实现其'沟通'的功能。"即产品除了具备应有的功能外，还要建立起人和产品之间的互动关系。而色彩就是实现这一关系的有效途径之一，色彩可以引导使用者正确地使用产品，还可以强调产品在形态上应具有的象征意义，能够体现消费者的精神需求和文化构建，同时也形成了完美的产品品牌形象。

## 第一节　色彩对产品功能的传达

包豪斯时期曾提出"形式必须服从功能"的设计原则，而这一原则也同样适用于产品色彩设计。色彩在产品设计中具有相对的独立性，不合理的色彩设计对产品的功能性有负面的影响。因此，在设计中要应用色彩的情感属性，使产品的色彩与功能相结合，提升产品的功能体现，促进产品与人之间的沟通与交流。

### 一、强化产品基本功能

产品的功能是一个产品的固有属性，而色彩作为一种视觉符号，无法直接传达产品的现实功能。当色彩与产品的属性相一致，色彩的符号语义就会与产品的功能相统一。成功的色彩方案可以完美地结合产品的实用性与审美性，取得高度和谐的效果。

每类产品有其自身的独特性，因此对色彩的要求也各有不同。有些产品要求产品外观色彩有清洁感；有些产品要求色彩有稳定安全感；有些要求色彩有豪华感，而有些却要求配色朴素。例如，空调、冰箱等产品，其功能是降温和保鲜，宜采用浅而明亮的冷色来突出它们制冷的特性（图4-1）。

在色彩语义中，产品色彩的功能性原则是建立在色彩

图4-1　冷色调的柜式空调

的联想与象征的基础之上的。如图4-2所示的定时器，采用了红色来表达其功能属性，红色有警示提醒的含义，引起使用者的注意。

图4-2　红色的定时器

产品的色彩不但要体现产品本身的功能，还要与产品的使用环境相匹配。医疗卫生场所中，经常选用洁净、缓解紧张情绪的配色，而避免使用过分刺激且容易导致视觉疲劳的配色。在缓解人体疲劳的产品中，如香薰，其包装多采用富有生机的绿色，使人联想到大自然的和谐与宁静，给人充满生机和舒适的印象。而且绿色是具有疗伤效果的色彩，可以起到稳定、舒缓紧张情绪的作用。

## 二、表达指示功能

利用色彩作为信息，帮助使用者更好地使用产品，即产品的指示性，也可以理解为人机互动的协调性。在产品的色彩设计中，色彩符号语义表达得越清晰明了，产品的指示性越强。

色彩的指示性对产品使用操作的影响很大。合理的色彩指示性能提高使用者操作的准确性，提高工作效率，减少差错和事故的发生率；而有问题的配色则导致操作的失误，降低工作效率，甚至引起安全问题。

图4-3　自行车把手上的档速旋钮

产品的指示性是通过色彩强调产品的主要功能部分，例如，重要的开关、手柄、手轮、旋钮、按钮等操作部件，刻度表盘、面板控制等显示部件，商标、标示、装饰带等标示部件。通过色彩强调产品的某一部件，使其在视觉上突出于其他部分，吸引人们的视线。

同时，从整体上，打破产品整体色调的单一化，产生生机感。一般可以采用与主色调形成强烈对比的色彩，暗示特定的功能。可以采用色彩的明与暗、白与黑、大与小、冷与暖、软与硬、远与近等对比形式，以适当的比例关系，起到强调的作用。如图4-3所示，自行车把手的色彩设计，主体采用沉稳的黑色，而调节档速的旋钮则采用纯白色，在比例和色彩上形成强烈鲜明的对比，提高了档速旋钮的识别性，方便操作。

## 三、划分产品功能区

通过色彩的对比，对功能区进行划分，强调不同的功能和结构特点，以色彩制约来诱导行为。通过色彩对产品的局部与整体进行合理划分，明晰且有秩序地表现出产品的组合部件和功能区域。如图4-4所示，为美国Play-

图4-4　Playcore儿童乐园的长椅设计

图 4 - 5　闹钟各个功能区的色彩
划分

core 设计的儿童乐园内的长椅,整体造型简练,配色简单,采用了灰色与橙色相结合的配色方案。橙色简单明确地划分出椅座的部分,而橙色的椅背和椅腿部分使得整个长椅富有童趣和生机。

　　色彩的划分可以增强形态的视觉辨识性,形成不同的视觉层次,色彩的划分不但有利于使用者的操作,还方便后期的维护与拆装。如图 4 - 5 所示,闹钟采用多色彩配色方案,在闹钟的主体部分,采用黑白的色彩搭配;闹钟的停止按钮则采用了与黑色形成强烈对比的黄色,在视觉上最为醒目。表盘部分,背景色采用纯白色,不干扰用户的视线,钟表的时间刻度采用黑色,表盘与主体的黑白配色相呼应。而操作者最常观看的指针,则采用显眼的红色、黄色和黑色,在白色背景的衬托下,视觉上极为醒目。色彩不但形成了功能上的主次结构,而且使得操作者一眼就能识别出各个功能区。

　　四、突出安全性

　　色彩中安全色的使用可以表达禁止、停止、危险等含义,从而提供安全信息。如红色注目性高,远视效果强,在视觉心理上使人产生紧张感;同时,红色容易使人联想到危险,因此用作停止或警示色非常适宜。很多有危险的部件、标示禁止的交通标识均采用红色(图 4 - 6)。

　　在自然界,很多生物都呈现鲜艳的色彩,其色彩组合是出于物种生存需要,起到警示天敌、隐藏自己的作用,从而达到保护自己的目的。例如瓢虫的红黑配色、黄蜂的黄黑配色,都是一种警戒色。工具多采用明度高、纯度较高的红色、橙色、黄色为主色调,引起人们的注意,从而起到警示人们安全操作的作用(图 4 - 7)。也可以将这种配色

图 4 - 6　各种表示禁止的安全标识

图4-7　以红黑色为主色调的曲线机（深圳市凯隆工业设计有限公司设计）

方案应用于操作界面中，用于警戒其产品操作过程中可能出现的危险性，以提示用户注意操作安全。

在设计安全系数要求较高的产品时，更要考虑色彩对使用者安全操作中所起到的重要作用，这与色彩的易见性有着密切的关系。前进色的易见性好，后退色则反之。汽车色彩不仅是使用者的个人喜好和视觉享受，更重要的是，它也会影响到行驶安全问题。行车的安全性不仅受安全视线的影响，而且还受到其他汽车颜色能见度的影响。易见性好的颜色能见度佳，应用于车身以提高行车的安全性，从某种程度上减少或者遏制车祸的发生。据美国和日本交通事故的概率统计，车身的安全色为银白色、黄色、白色；发生事故率较高的颜色是深蓝色、深绿色、深灰色、棕色，而红色、黑色、灰色车辆，事故率介于其中。这与新西兰奥克兰大学的 SueFurness 教授在对1 000 多辆各色小汽车进行调研的结果相一致。银白色、银色是车身颜色的最佳选择，出车祸的概率较小，在车祸中遭受重伤的概率比开白色汽车少50%，这可能与银色对光线的反射率较高易于识别有关（图4-8）。

总而言之，产品设计的用色不仅考虑到审美，还要考虑实际效用，达到色彩美与功能的统一。色彩的功能性原则是每一个产品色彩设计首要考虑的因素。产品的配色方案应与产品自身的功能相符合，为消费者传递出准确的使用信息，通过色彩设计使产品给人信任、安全的感觉。

## 第二节　色彩对产品形态的完善

产品形态是指产品的外形，"形"即使用者可感知的外观形态，而"态"则为产品的神态，即产品的情感因素。因为形态与产品的功能、结构、色彩、材质等各种因素密切地

图4-8　同一环境下不同的汽车色彩（刘远东 摄）

结合在一起,所以产品形态可以向使用者传递产品的各种信息,设计师可以利用独特的造型语言赋予产品特定的个性与情感,当产品的外在形态与产品内在的品质相一致时,产品会传达出设计师的思想与理念,从而与使用者在情感上得到共鸣。

任何形态都具有色彩,色彩是构成形态的必要因素。而产品的色彩与形态都可以被视为一种视觉符号,具有语义功能。形态与色彩相辅相成,具有合理形态的产品配以独特的配色方案,对使用者的认知和使用起到至关重要的作用。利用色彩本身具有的统一、平衡、强调、丰富、对比等作用,使产品具有独特的形态视觉效果,有利于产品信息的传达。

## 一、统一

在人的视觉心理上,当色彩与形象相一致时,形象会显得完整、和谐;当不一致时,会产生不和谐感。在配色设计中,如果色彩过于丰富,造型就会缺少整体感,而显得凌乱。当选用的色彩序列不合理,或序列中个别色彩选用不当,会产生不协调感。色彩的统一就是消除互斥感,形成有序的色彩配置方案。

当产品形态复杂、元素过多时,可以选择调和的、有秩序的色彩,把局部形态统一起来。整体性强的简单色彩搭配,使得复杂的形态产生单纯、明快和大方的效果(图4-9)。

为了使色彩具有统一感,可以控制色彩的数量,不宜过多过杂;或者,在色相、明度、纯度上使色彩趋于某一主色调,在主调的基础上,调整其他色彩使之形成统一均衡的感觉。

## 二、平衡

色彩的平衡是指视觉上感觉到力的平衡状态。产品的形态要与色彩的平衡感相一致,否则,会让使用者心理产生矛盾感。

图4-9 无动力助行器(设计:樊芳的;指导教师:杨松)

图4-10　茶杯——明暗色搭配具有稳定感(周森 摄)

利用不同色彩的面积分布、色彩的明度和纯度的面积比例,或者利用色彩的轻重感、前进后退感等达到色彩的平衡,从而取得形体视觉上的平衡感。例如,亮色与暗色搭配时,暗色居下具有稳定感(图4-10)。

### 三、强调

为了凸显产品局部形态,可以通过色彩强调产品的某个部分。在同性质的色彩中,加入不同性质的色彩,可以起到强调的效果,并打破了单调的单色效果。适当选用在色相、明度、纯度上形成对比的色彩,能起到强调产品形态的作用。

图4-11　空气加湿器(设计:高越;指导教师:杨松)

作为主体色彩与强调的色彩要相互配合才能形成合理的色彩搭配效果。配色时强调色比主体色更明亮、更鲜明,而且强调的部分与主体色的面积比例分配合理,才能更好地突出产品的主体造型(图4-11、图4-12)。

### 四、丰富

针对某些形态比较单一的产品,可以利用适当的色彩搭配使产品的形态丰富化,也可以利用不同形状的色块完善产品的整体造型。例如,利用色彩的面积有规律地渐变和交替,或者交替改变色彩的色相、明度、纯度等属性来体

图4-12　直饮机设计(设计:崔丹;指导教师:杨松)

图4-13 家具设计(周淼 摄)

图4-14 电话机设计(深圳市凯隆工业设计有限公司)

图4-15 滑板车设计(设计:沙暮雪;指导教师:杨松)

现形态的节奏感。丰富的色彩增添了产品形态的观赏性和美感,增加了产品和使用者交互过程中的愉快感(图4-13)。

五、对比

利用色彩的色相、明度、纯度和面积的对比,使得产品的形态主次分明,起到烘托、陪衬和加强主体形象的作用。不同程度的色彩对比有不同的效果,强对比使人感觉强烈、刺眼、生硬、粗犷;较强对比使人感觉明亮、生动、鲜明、有力;较弱对比使人感觉协调、柔和、平静、安定;最弱对比使人感觉模糊、朦胧、暧昧、无力。如图4-14的电话机设计,黑白搭配使得产品的形态主次分明。如图4-15的滑板车设计,黑白无彩色和有彩色的对比使得车身的连接结构显而易见,对比效果鲜明。

总而言之,如果产品设计以色彩为表现力,从色彩设计延伸至产品的造型与结构;如果以形态为出发点,则形态与结构决定色彩的配置。产品通过不同的形态,搭配不同的色彩,采用合理的材质,增强了产品的空间感和形体感受,充分表现出产品的设计创意。

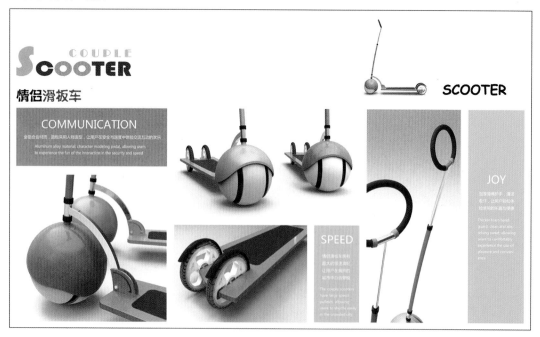

### 第三节　色彩对产品情感的表达

　　色彩的心理和情感是人们对于客观世界的主观反映。除了第三章所讲述的普遍意义上的色彩固有的情感、色彩的联想和象征外,对于产品的色彩设计,设计师还需要考虑人们的年龄、性别、文化、时代等多方面的群体因素。

　　产品色彩设计中,应该坚持以人为本的原则,考虑个体差异,满足人们的心理需求,实现产品色彩的人性化设计。人们对于色彩的感知是与具体的事物、形象、环境有着密切关系的,人们的年龄、性别、生活经历、职业、知识修养、生活环境等因素对人们色彩喜好的形成有着不同程度的影响。因此,各类人群对于色彩所产生的感情和心理也不尽相同。

#### 一、年龄因素

　　孩子的想象力非常丰富,他们通过色彩、形状、声音等感官的刺激直观地感知世界。在他们的眼里,只要是对比反差大、浓烈、鲜艳的纯色都会引起他们强烈的兴趣,也能帮助他们认识自己所处的世界。利用多种鲜艳色彩的搭配,便可表现出儿童热情、活泼的个性。鲜艳的色彩不仅适合儿童天真的心理,而且会洋溢起希望与生机。高纯度、高明度的色彩,像活力四射的黄色调、健康自然的绿色调、朝气蓬勃的红色调等,更能够吸引他们的注意力(图4-16)。在设计儿童服装和玩具时,合理运用活泼、明快、鲜亮、对比强烈的色彩,可以赢得孩子的喜爱;而平淡灰暗的色彩设计,则会受到孩子的冷落。

　　对于追求时尚、强调个性的年轻人,他们似乎更喜欢比较明快、活泼、标新立异的色彩搭配,以符合他们的审美视觉和心理特征。例如,对于性格开朗,喜欢特立独行的青年人,产品的色彩应选择奔放、轻盈的绚丽色彩(图4-17)。

　　成年人随着文化、职业等因素的影响,形成了各自不同的色彩偏爱。他们所钟爱的色彩多为明度和纯度适中的柔和色彩和比较深沉、稳重的色彩。

　　设计适合老年人的配色方案,要尊重老年人的生活习惯,有助于老年人保持愉悦的心情。大多数老年人不喜欢有孤独寂寞之感,在环境的色彩设计上不宜使用给人太过宁静感的冷色系。但太过艳丽的色彩又会刺激老年人的

图4-16　体现儿童个性的配色的玩偶

图4-17　体现青年人个性的服饰配色

图4-18 符合年轻女性个性的服装配色

视神经和脑神经,打破心理上的平静感。所以,在选择适合老年的配色时,需根据老年人自身的身体和精神状态选择颜色适中的配色。随着年龄的增大,越来越多的老年人偏爱颜色素净的事物,选择偏中性色的配色,例如深蓝配灰色就显得稳重、柔和、素雅。

一般来说,随着年龄愈近成熟,人们所喜爱的颜色越倾向稳重,即向深色、灰色、暗色调靠近。但是,部分青年人有时会选用明度、纯度较低的色彩,显得成熟稳重;有些中老年人偶尔也会大胆穿着明度和纯度都很高的鲜艳服装,显得精神焕发、更加年轻。

## 二、性别因素

随着女性社会地位的提高,女权主导权的增长,很多企业开始着力吸引女性消费者。在产品色彩设计上,女性喜爱的配色有哪些呢?在色相上,女性普遍喜爱甜美亮丽的暖色系色调,如鲜艳的红色、甜美的粉色、温暖的橙色,这些色彩的搭配可以增添女性可爱、温婉的印象。纯度较高的配色可以表现出年轻女性青春、靓丽、甜美的形象(图4-18),而选用明度较低、色调过渡平稳的配色也可以衬托出女性知性柔美的气质;而年纪较长的女性则适合明度较低的暖色展现成熟的魅力。

男性对于事物认识和对生活的态度与女性的角度有着很大的不同,所以他们对色彩的心理感受也与女性有着很大的差异。那么,深受男性青睐的配色规律又是怎样的呢?与鲜艳的女性色彩不同的是,男性产品的主色调多是以体现冷峻感的冷色系或黑灰的无彩色系,这样的色相搭配显示出男性稳重文雅的个性(图4-19)。针对男性群体的年龄和嗜好的不同,需要对配色进行适当的调整。简洁明快的浅色调适合青年男性群体;对比鲜明的配色适合运动型男性群体;暗色调和深色调的搭配表现出男性的成熟稳重的魅力。

## 三、文化因素

对色彩偏好性有两个特点:一是既存在人类的共性,又表现出明显的个性差异;二是色彩的文化性,对色彩的偏好程度因色彩的文化价值的不同而不同。无论是从文化角度还是从人们的精神层面来看,色彩作为人们感情和心灵的一种投射,深入人们的日常生活之中,并在人们的日常生活中有着重要的价值和意义。

图4-19 电动剃须刀

因为,色彩具有一定的地域文化特性,所以在产品色彩设计中,针对特定的目标人群,设计师不应只按照个人喜好来确定色调,还需要充分调查、了解特定文化背景下的色彩象征含义,才能设计出既有共性又有特性的具有象征性的色彩语言,拟定出理想的、富有象征意义的色彩配色方案。

日本设计师 Nendo 与拥有 260 年历史的有田烧名窑"源右卫门窑"合作,以梅花和蔓叶纹饰创造出全新的陶瓷系列 ume komon 和 karakusa-e。Nendo 既大胆创新出新的图案组合形式,设计出一系列新颖的视觉形象,又保持了源右卫门窑最为代表性的视觉符号——蓝白色搭配。釉底高反差的明暗对比让整个系列更加富于变化却没有打破整体的风格。整个系列不仅传承了源右卫门窑悠久的历史和传统,又反映出其不断创新和演变的精神特性。

图 4 - 20 体现时代感的银灰色奥迪车(周森 摄)

四、时代因素

随着时代的发展,个性化设计的时代使得产品的色彩化趋势愈加鲜明。设计师打破原有的惯性思维,设计出更具感性与个性化的产品。例如,不同于以往理性、单一、沉闷的无彩色系色彩设计,苹果电脑创新性地运用了鲜艳甜美的水果色,赋予台式机电脑感性化、个性化的新面貌,满足了人们深层次的精神文化追求。苹果电脑的色彩设计,引起使用者感情上的共鸣,使得该产品在上市的第一天便创下了日销售 15 万台的惊人业绩,取得了商业上的巨大成功。

超前于时代,运用独特的色彩设计,满足人们对未来社会的期望与构想。在奥迪概念车设计中,利用色彩设计表现太空、科幻、前卫等概念,用象征太空的银灰色设计,凸显出引领时代潮流的形象语义(图 4 - 20)。

总而言之,随着社会的发展,除了对产品功能的要求外,人们逐渐提高对产品的精神需求,以表现消费者自身的社会、文化、经济的地位,和对生活的情趣。设计师在产品色彩设计时应考虑产品色彩所蕴涵的精神价值与情感表达。

## 第四节 色彩对品牌特征的体现

品牌是一家企业的综合品质的体现和代表,是客户对企业产品、服务、文化的认知。随着企业的不断壮大,其品

图 4-21 可口可乐的红色成为品牌的象征

牌的附加值也随之增加，并产生相应的市场价值。企业通过产品、包装、广告和标示等一系列的视觉形象，使消费者不断体验、感知企业的品牌概念和价值文化。从产品视觉形象到企业品牌形象的情景式体验，构建出被消费者普遍认同的良好的品牌形象。在利用产品设计打造企业品牌的过程中，色彩是体现视觉优势的一种捷径。因为，人们对于一件产品的认识，色彩是先于形态的，色彩是人类视觉中最响亮的语言符号。

现代生活的节奏步调快，各种传媒大众发展迅速，人们每天都会接触到大量的企业产品与标识，这就要求企业的产品与标识具有很高的辨识度，才能在短时间内从众多的同类产品中脱颖而出，给消费者留下深刻的印象。根据日本立邦设计中心的研究显示，色彩可以为产品及其品牌的传播扩展 40％的消费人群，提升人们 75％的理解力。

产品色彩是企业品牌形象的重要组成部分，色彩贯穿于品牌运作的每个环节。从产品开发、设计、制造直到市场营销，紧紧配合产品策略，树立起良好的品牌形象。所以，在进行色彩设计时要紧紧围绕品牌的既定策略，不严谨和不负责任的色彩设计都会影响和损害企业的品牌形象。

随着企业品牌设计理念的发展，越来越多的设计师更加关注于色彩系统的选择，创造出与众不同且有效的色彩识别系统。在品牌设计中，品牌的识别系统需要遵循不断前进、不断提高的规律，以起到提升企业知名度、强化企业形象的作用。色彩计划的独特设定能够使企业同其他同类产品企业相区别，取得相对优势，例如，可口可乐公司的红色已经成为企业文化成功品牌的象征（图 4-21）。

设计师对色彩的关注和设计不仅仅关乎个别产品，更需要考虑企业长期以来所要追求的企业形象。对产品色彩精心规划，提升到品牌形象的层面加以考虑，才能提升产品的品质，加强品牌的形象。基于产品形象稳定传播的需要，产品形态色彩应符合产品形象及企业整体形象的色彩应用，产品色彩需要有相对固定的配合或遵循一定的原则。产品的色彩要保持稳定、持续或渐进，与适当数量的色彩进行搭配。如苹果的计算机产品一贯以银白色为主色调，配上黑色的苹果图形标志，长期以来逐渐形成了其特有的产品色彩形象。这种色彩搭配简洁而富有特定内涵，白色代表了苹果产品的高端、时尚、大气，凸显了其品牌在业界的领袖地位。

产品所选用的色彩不仅应用于单一产品,还要适用于纵横系列的产品群,通过同一色系来整合企业旗下不同种类和型号的产品,形成横向的系列产品群。系列产品形态的色彩,应使用较为一致的色彩,并结合一些装饰性细节,使各产品产生某种直接的联系,形成系列感、家族感。以某种标准的用色为参考,进行同类产品的调和配色。

许多国际企业都很重视产品色彩,因为产品色彩是产品设计策略和品牌形象规划的重要组成因素。如西门子、飞利浦、宝马和诺基亚等企业的设计团队和著名的设计咨询机构协作,为新产品的色彩进行准确的定位,同时平衡新的色彩流行趋势与品牌形象定位之间的关系,提供整体色彩设计和指导,以保证产品色彩设计始终与企业的品牌保持一定的关联性和持续性。有些企业视觉形象粗糙而零散,没有清晰的品牌色彩和形象,从而流失了非常多的无形资产。品牌形象需要对目前的形象色彩进行统一、有序、合理地规划与设计。

图 4 - 22　满记甜品的餐具

知名品牌设计师 Tommy 让"满记甜品"从家庭作坊式的糖水铺变为国内及亚洲其他地区共 100 多间分店的连锁店,成为饮食界的佳话,而这一切都必须归功于成熟的品牌系统。该品牌的产品以亮黄色调为主,配以黑色,打造出针对年轻群体的甜美怀旧风格。无论是产品的广告宣传、餐具设计(图 4 - 22),还是 100 个长有不同形状獠牙的黑色玩偶,印在员工 T 恤衫上的玩偶形象(图 4 - 23),充满活力的亮黄色搭以"黑色"幽默一直贯穿其中,可见满记在品牌的色彩规划中所下的功夫。

图 4 - 23　表现满记甜品"黑色"幽默的 T 恤衫

# 第五章　产品色彩设计

众所周知,当一个物体在我们眼前移动时,我们首先感觉到的是它的色彩,其次是形态,最后才是质感。即视神经对于产品造型的三个基本要素(色彩、形态、质感)是按色彩→形态→质感的关系依次感知的。但人们往往只看到产品的形态,而忽视了色彩与质感。实际上,对于产品造型的三个基本要素来说,三者都不是孤立存在的,是有着必然联系的,它们之间是相互联系、相互影响、相互作用的,缺任一要素,都不能完整地体现一个产品的内在与外在形象。

有研究表明,人们在看物体时,物体的色彩与形态对视觉影响的比例分别是最初的 20 秒内,色彩占 80%,形态占 20%;2 分钟后,色彩占 60%,形态占 40%;5 分钟后,色彩、形态各占 50%(图 5-1)。我们不难看出,色彩具有先声夺人的作用。

色彩能美化产品和环境,满足人们的审美要求,提高产品的外观质量,增强产品的市场竞争力。合理的色彩设计,能对人的生理、心理产生良好的影响,克服精神疲劳,使人心情舒畅,精力集中,减少差错,提高工作效率。工业产品的色彩设计,总的要求是使产品的物质功能、使用环境与人们的心理产生统一、协调的感觉。在色彩设计时,通过色彩传达产品功能是色彩设计的首要任务。

图 5-1　物体的色彩与形态对视觉的影响比例

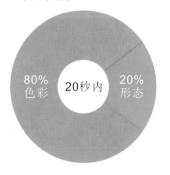
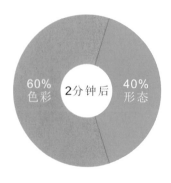
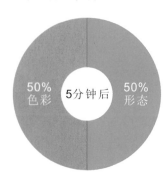

## 第一节　产品色彩设计的目的

工业产品色彩设计的目的是更好地体现产品自身功能特点,使产品具备完美的造型效果,符合消费者的心理和生理需求,提高企业的产品市场竞争力。想要达到这一目的,途径和方法有很多种,关键是要综合地分析企业、产品、市场、环境和消费者之间的关系,突出重点,发挥优势,才能创造出更有价值、更能促进社会发展、进而改善人们生活方式的好产品。

图 5-2　分类垃圾桶

### 一、更好地体现产品自身功能特点

对于产品来讲,它们都有自身的物质功能,体现和完成产品的应有功能是产品的核心,功能是产品的主体内容。产品的功能体现包括很多方面,按照功能重要程度可以划分为基本功能和辅助功能,按照功能性划分为实用功能和美学功能。无论是哪个方面的功能,都可以按照色彩的语义和情感象征来准确地反映这些功能,强化实用功能,提升产品的美学要素,达到既实用又赏心悦目的目的。如图 5-2 所示的分类垃圾桶,用蓝色表示不可回收,绿色表示可回收,色彩醒目,易识别,功能性较强;图 5-3 灭火器箱的红色应用,准确地传达了消防信息,起到了表示提醒、警示的作用。

图 5-3　红色表达了消防产品的基本功能

### 二、创造良好的色彩环境,使人身心愉悦

产品色彩设计包括产品自身和产品的使用环境的色彩设计,它们之间相互协调、相互作用。色彩设计的最终目的是使消费者舒适地使用产品并通过该过程获得身心愉悦的体验过程。一个好的产品色彩设计,会丰富生活中、自然界中的色彩,使我们的生存环境更加和谐,人们更加愉快、健康地生活。如图 5-4 所示的红色灯笼,高高地悬挂在顶棚上,既丰富了灰色的室内空间,又增加了喜庆的氛围。如图 5-5,一字排开的浅蓝色游船,为码头带来了一片宁静与丝丝凉意;多色的太阳伞既为游客提供了休息、纳凉的空间,又营造了色彩斑斓的意境。

### 三、提高工作效率,安全生产

每个产品都有自己的色彩,同一产品不同的色彩表现会让使用者产生不同的心理反应,这种反应有可能是积极

图 5-4　红色灯笼点缀室内空间

图 5-5　室外丰富的色彩环境

图 5-6　柔和的色彩搭配,增强了
操作的舒适感

的,也有可能是消极的。积极的反应就是通过正确的色彩
表现让使用者喜欢该产品,愿意使用,容易操作,进而提高
工作效率,这是一系列的积极的连锁反应。消极的反应就
是应用了错误的色彩使人们厌恶它,产生抵触情绪,甚至
造成了误操作,影响生产的正常进行,威胁到了使用者的
生命安全。比如,热水器、洗衣机的操作界面的颜色搭配
(图 5-6),采用无彩色为主调,是一种柔和的弱对比,没有
纯度较高、视觉刺激性强的色彩,亲和力较强,操作时比较
放松。

四、符合色彩流行趋势,提高产品市场竞争力

产品设计还要充分考虑到流行色彩的重要影响,要符
合时代要求,通过色彩更新来强化时代意识,使产品具有
时尚品质,从而引导消费者审美观念和消费心理,达到刺

激消费的目的,进而提升产品的市场竞争力(图 5 - 7,图 5 - 8),为企业赚取更多的利润。

长期以来,家电产品色彩一直是以经典的黑色、白色、银灰色为主色调,而最近几年受流行趋势的影响,出现了红色、蓝色、橙色等纯度、明度比较高的色彩与传统的黑、白、灰色相搭配,并融入了新的工艺,形成新的色彩感觉。企业产品需要注重其个性化、品牌化,但不能脱离当前的色彩流行趋势。产品的色彩设计要符合时代的要求,适应消费者彰显个性、时尚的需求,只有给消费者较大的自由搭配空间,才能追求最大限度地提高产品的附加值,刺激消费。

图 5 - 7 得力文具的丰富色彩

## 第二节 产品色彩设计的作用

色彩在产品设计中,具有相当重要的作用。与形态相比,色彩更能引起人的视觉反应,而且还直接影响人们的心理和情绪。在人的各种知觉中,视觉是最主要的感觉,而色彩有唤起人的第一视觉的作用。色彩能体现产品功能,丰富产品形态,影响人的心理、生理反应,会影响视知觉的印象。所以企业、设计师都十分重视产品色彩对人的物理的、生理的和心理的作用;十分重视色彩的联想和情感的效果。

### 一、完善产品造型

工业产品造型设计所需的设计理念和方法有很多种,但其设计的根本离不开基本的设计要素条件,即构成产品形式的形态、色彩、材质,只有综合考虑这三个方面才能设计出完美的产品造型。

产品造型是通过对产品形体的点、线、面合理组合而形成的,而体现造型特征最明显的就是线,包括轮廓线、分型线、装饰线和分割线等,这些线不仅形成了产品的形态特征又体现了产品的造型风格,而色彩则会影响到这些线型特征的体现。如汽车的造型设计,基本都是以各种线型来体现的,包括车身轮廓线、腰线、分型线等线型,如图5-9所示,汽车发动机盖的造型线,应用不同的色彩,线型特征体现也是不一样的,采用高明度色彩,线型特征比较弱;采用低明度色彩,线型特征比较强。所以,设计师可以根据产品造型特征需要,选择合适的色彩来强化或弱化线型表现,进而形成不同的造型效果。

图 5 - 8 与传统内饰色彩截然不同的个性化色彩搭配

图 5-9　色彩对汽车发动机盖特征线的影响

## 二、促进产品销售

企业研发、生产的最终目的是要把产品转变为商品，进入市场，为企业赚取更多的利润。促进产品销售的方式有很多，但产品的色彩设计不容忽视。色彩设计不仅仅是为产品穿上了一件漂亮的外衣，更多的是传递产品功能、特征、语义等各种信息。产品色彩设计更好地吸引了消费者的眼球，使本企业的产品在众多琳琅满目的产品中脱颖而出，使消费者产生购买的欲望。如图 5-10 所示的毛刷销售陈列方式，通过混搭的摆放形式，形成了一个丰富的色彩空间。多种色系的毛刷，容易吸引消费者的目光，增加其了解产品的机会，进而打动消费者，使其购买产品。

## 三、提升企业品牌形象

图 5-10　宜家毛刷产品陈列

好的产品色彩设计能够贴切地表达品牌特性。因为色彩的识别性比较高，所以有时我们不看产品的企业标识，只凭产品的色彩和造型就可以断定是哪个公司的产品，这就是产品色彩传达给消费者的品牌识别效应。所以，同一品牌的不同产品要想形成一定的产品形象，形成品牌效应，就必须以一定的色彩来强化某些产品特征，保证它们之间的一致性与联系性，从而让消费者获得产品色

彩与品牌特性的认同感。比如联想的笔记本电脑
(图5-11),基本都是黑色磨砂质感的壳体,配以大气简
洁的几何体造型,形成了独特的风格,再配以红色的控制
键,更加凸显了品牌形象,增强了品牌的吸引力和竞争力。

图5-11　联想笔记本的品牌色彩
(黑色壳体和红色功能键)

## 第三节　产品色彩设计原则

　　产品色彩设计是整个产品设计过程中的一个重要组
成部分,应服从产品的整体设计,要遵循产品设计的相应
原则,即功能性、指示性、流行性、环境性、工艺性、经济性、
审美性和嗜好性原则。同时产品的色彩设计在产品设计
原则的基础上还要从这几个方面来综合考虑:产品的色
彩要考虑到产品形象和企业的整体形象,要有家族基因,
也就是企业产品色彩的 DNA;要参考行业标准来确定关
键部位的色彩;产品的色彩要能体现系列化;要研究流行
色的发展趋势;要符合各民族、区域、人群的特定色彩需
要;等等。

　　一、功能性原则

　　产品以其功能性的完美体现为第一准则。任何方面
的设计都应该以功能为准绳,以突显、强调、实现功能为中
心。产品的色彩设计也应首要遵循这一原则,在选择产品
的主辅色调时,要满足产品的功能要求,使色彩设计与功
能实现达成统一,利于产品功能的发挥。但是,色彩也不
可能完全体现产品的功能,只是在一些家电类、工业机械
类方面的产品上容易体现,尤其是带有警示性、标志性、标
准性的部件和部位容易体现,在家具、饰品、电子信息类产
品中就不容易体现。所以,产品的色彩在功能性体现上也
要有针对性,不要盲目地追求,准确的色彩配置可以体现
出产品的优异品质和精湛工艺。

　　二、指示性原则

　　在产品的色彩设计中,要充分考虑产品的特点,应用
色彩的指示功能,实现以人为本,人机互动与和谐的目的。
(参见第四章色彩对产品功能的传达)

　　三、流行性原则

　　产品的色彩体系不是完全孤立存在的,既要有企业特
点、产品特征,又要符合当前市场的整体消费趋势,要迎合

消费者的消费心理与喜好,要把握时代脉搏,对色彩流行趋势要深入调研、分析。

### 四、环境性原则

产品的色彩设计不单单指产品本身的色彩设计,还要考虑到产品的使用环境,要做到产品自身色彩体系的完整性,还要符合使用环境,给使用者创造一个良好的工作环境与空间。

### 五、工艺性原则

产品表现形式直接体现在用什么样的材料,不同材料的表现形式也是不一样的,相同的材料用不同的工艺形式也会产生不同的表现效果。

### 六、经济性原则

在产品色彩设计过程中,要充分考虑在满足产品色彩丰富多样、光彩夺目时的成本问题,尽可能达到费用最低,质量最好,真正做到物美价廉、实用时尚。要考虑色彩实现成本在整个产品成本中的比重,可以通过适当的处理方式来丰富色彩和质感。

### 七、审美性原则

色彩并不是孤立存在的,无法说哪个色彩美与不美,必须要通过配色,形成色与色之间的搭配关系进而营造出色彩的语境。产品色彩必须建立在一个产品环境系统中,建立在产品功能、色彩语义情感、人机环境协调、工艺经济等相关要素的准确表达基础上,通过色彩调和、对比,形成产品的色彩形式美。

### 八、嗜好性原则

色彩的嗜好性具有相对的稳定性,不同的年龄、性别、地域、民族,以及不同时代都分别表现出各自较为稳定的嗜好性。比如,年轻人喜欢艳丽、高贵、时尚的色彩,中老年人就比较喜欢无彩色系的大众色彩。另外,产品色彩的设计要符合民族性、地域性的色彩观念及消费群体的喜好。尤其是电子类产品的消费群体数量庞大,消费层次多样,要想准确表达产品色彩,需要对使用人群的色彩喜好进行色彩调研,总结出不同人群及相对应产品的色彩体系,才能确定最终的色彩。

## 第四节　产品色彩的选择

### 一、总体色调的选择

色调是指色彩配置的总倾向、总效果。任何产品的配色均应有主色调和辅助色,只有这样,才能使产品的色彩既有统一又有变化。色彩愈少要求装饰性愈强,色调愈统一,反之则杂乱难于统一。工业产品的主色调以1—2色为佳,当主色调确定后,其他的辅助色应与主色调相协调,形成一个统一的整体色调。同时,对于不同类别的产品应该形成一套完整的行业色彩,规范色彩的视觉符号作用,体现产品之间的功能区别,这也是对色彩主调进行选择。

比如轻工机械类产品的色彩主调往往是以灰色、蓝色为主;工程机械产品则是以普遍认为的行业色彩——黄色调为主(图5-12,图5-13)。这些产品的主色调选择是典型的、普遍的,但不代表所有企业的选择,有些企业就会提出一些新的色彩搭配,以体现企业和产品的特点。

图 5-12　轻工机械产品的主色调多为灰色和蓝色

图 5-13　工程机械产品的主色调多为黄色

另外,一个产品主色调的选择还要根据使用环境、地域、民族、国家的不同进一步确定色彩的要求和喜好。切忌等同对待,没有区别。主色调的选择还应与时代信息、文化特征联系在一起,与时代的流行色相互配合。对于一般的工业产品,尤其是电子产品,主色调的选择不是一成不变的,随着科技的进步,工艺的提高,人们认识的变化,都在变相地"要求"此类产品主色调进行相应的改变,只有这样,才能适应这个时代的发展,满足人们的需要。

所以,产品主色调的选择要尽可能地满足产品功能的要求,满足人—机协调性的要求,适应时代对色彩的要求以及符合人们对色彩的好恶。

二、产品色彩搭配中的对比与调和

产品的色彩不是孤立存在的,是由若干个色彩组成的。当这些色彩组织在一起时,会产生不同的色彩效果,但哪些色彩搭配更能清晰地表达产品的属性,这就涉及色彩的对比与调和的问题。当两种以上色彩并置在一起时,就必然产生色彩的对比与调和。差异性大的表现为对比，差异性小的则表现为调和。对比与调和是色彩设计最基本的配色方法，是获得色彩既变化丰富又统一的重要手段。

### 1. 色彩设计的对比

当两种或两种以上的色彩放在一起时，能够比较出它们之间明显可见的差别，这就是色彩对比。在产品色彩设计中，色彩对比主要包括色彩属性的对比、面积大小的对比和冷暖对比。

#### （1）色相对比

因色相的差别而形成的色彩对比。以任何一种色相为主色，都能组成同种、近似、对比或互补色相的对比。

同种色对比是最弱的色相对比，是同一色相里不同明度与纯度的色彩对比，对比呈统一调和的效果（图5-14）。这种色相对比表现出来的色相感单纯、柔和、宁静、淡雅。如图5-15所示的保温杯色彩系列化设计，保温杯的主体颜色和杯盖、杯底采用了不同色相的同种色对比搭配形式，表现出柔和、淡雅的色彩感觉，容易让消费者接受。

邻近色是在色相环上顺序相邻的基础色相。邻近色对比是较弱的色相对比，如红与橙、黄与绿、橙与黄（图5-16）。邻近色的对比效果要比同种色对比明显、丰富、活泼，使人产生柔和、平静、和谐、雅致、单纯、耐看的感觉，视觉刺激适中。如图5-17，健身器械的转盘颜色为黄色，连接转盘的金属杆为橙色，它们之间就形成了邻近色的对比，让人们感到充满活力，同时也体现了室外健身、运动类产品的功能属性。

对比色对比（互补色对比）是较强的色相对比，在色相

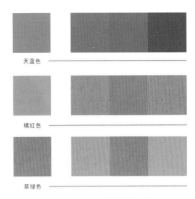

天蓝色

橘红色

草绿色

图5-14　同种色对比

图5-15　保温杯设计（设计：邵腾；指导教师：杨松）

红色与橙色

黄色与绿色

橙色与黄色

图5-16　邻近色对比

图5-17　健身器械

红色与绿色

橙色与蓝色

黄色与紫色

图 5-18 对比色对比

环中任一颜色与对面(180度)的颜色,称为"对比色(互补色)"。如红与绿、橙与蓝、黄与紫就是互为补色的关系(图5-18),这种对比生动、鲜明、清晰、强烈、丰富、刺激性强,容易使人兴奋、激动,但也容易造成视觉以及精神的疲劳。在工业产品色彩设计中,不宜广泛使用对比色对比的色彩处理手法,适合于局部小面积使用,是对产品风格的装饰和点缀。但在服装、玩具、文具这类产品中应用还是比较广泛的。如图5-19,儿童玩具枪的色彩就是蓝色和橙色的对比色对比,比较醒目、鲜明,容易使儿童对玩具产生兴趣,符合儿童的心理、生理需求。

(2)明度对比

明度对比是因色彩的明度差别而形成的对比,也就是色彩的明暗程度的对比,也称色彩的黑白度对比。明暗对比可以通过色彩的相互衬托使人感到明的更明,暗的更暗(图5-20、图5-21),可以起到突出主要因素的作用,如

图 5-19 儿童玩具枪

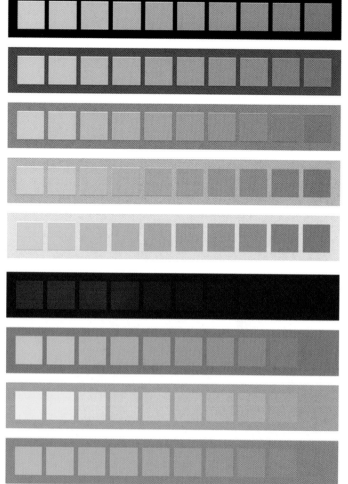

图 5-20 不同明度的蓝色与不同明度的灰色形成的明度对比

图 5-21 不同明度的同一色相由强到弱的明度对比

图 5-22　汽车仪表盘

果明度对比太弱,光感弱,形象不清晰,远视效果不好,给人以含混的感觉,不易分辨。工业产品色彩设计不宜采用大面积的强明暗对比,宜用于一些局部区域,如:表头、指针、刻度、字体、商标上的显示,如图 5-22,汽车的仪表盘,黑色的背景,白色的刻度,红色的指针,对比效果明显,各种参数一目了然。所以,色彩的明度对比在可视性产品设计中的应用比较广泛。

（3）纯度对比

因纯度差别而形成的色彩对比。比如一个鲜亮的色相与一个含灰的同一色相并置在一起时,能比较出它们在鲜艳程度上的差异（图 5-23）,这种色彩性质的比较就是纯度对比。纯度对比既可以体现在单一色相中不同纯度的对比中,也可以体现在不同色相的对比中,纯红和纯绿相比,红色的鲜艳度更高,那么当其中一色混入灰色时,也可以明显地看到它们之间的纯度差别（图 5-24）。

高纯度色彩对人眼具有强刺激性,看久了容易引起视觉疲劳,所以纯度对比过强会让人出现生硬、刺激、眩目等感觉。一般产品色彩搭配多采用柔和的中低纯度色,对比也采用纯度差较小的对比（如图 5-25）,只是局部需要引人注目的地方,采用纯度差大的对比。

图 5-23　纯度对比

图 5-24　红色和绿色的纯度对比

图 5-25　中、低纯度色彩对比的应用

图 5 - 26　冷暖色对比

图 5 - 27　火车座椅(于洋 摄)

图 5 - 28　色彩面积对比

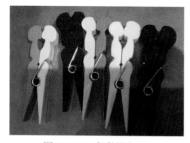

图 5 - 29　多彩的夹子

图 5 - 30　红黄蓝三色的面积对比
在产品中的应用

（4）冷暖对比

冷暖对比是由于色彩冷暖感觉而形成的对比,是指冷暖性质不同的色彩组合在一起后形成冷的更冷、暖的更暖的对比效果。冷色和暖色是一种色彩感觉,冷色和暖色没有绝对,色彩在比较中生存,任何两种色彩放在一起都会产生冷暖差异。在色相环中,红、橙、黄属暖色系,蓝、绿、紫蓝属冷色系(图 5 - 26),在暖色系中又可以形成冷暖对比,红色比橙色暖,橙色比黄色暖。产品色彩设计中的冷色和暖色的比例关系决定了产品的整体色调,也就是通常所说的暖色调和冷色调。使用了冷暖对比色可使色彩搭配更加有层次感。

工业产品一般采用冷暖差别小的弱对比,强调在色彩面积和纯度上的对比关系,形成统一的色调。如图 5 - 27 所示的火车的坐椅,椅面采用的是蓝色,而扶手用的是黄色,两个颜色的面积差异比较大,黄色既是点缀,又与蓝色形成了冷暖对比。蓝色清凉,木纹质感的黄色温馨,让人感觉比较惬意、舒服。

（5）面积对比

面积对比是两个或更多色彩因色块面积上的差别而形成的对比,是两种或两种以上颜色面积的相互对比关系。通常小面积色彩对比常用作点缀、装饰,纯度、明度都可以配得很高,使其活跃醒目;大面积的色彩对比则可适当降低其纯度,避免过于刺激,达到和谐的比例关系(图 5 - 28)。同时也可以通过增大或缩小相对应的对比色彩的面积来调节配色关系的强弱变化,达到视觉上的平衡。如图 5 - 29 所示的夹子,单个夹子的颜色形成了面积相等的色彩对比,色彩的面积比较小,饱和度比较高,比较醒目,视觉感强。图 5 - 30 所示的双轮游戏车,则采用了高纯度、高明度的色相对比,每种色彩的面积相当,色彩鲜明对比性强,形成了美轮美奂的视觉感受,吸引游客的注意,增强了游戏、娱乐的氛围。

2. 色彩设计的调和

调和既不是对比,也不是统一,而是介于两者之间。色彩的调和,是指在有明显差别的色彩组合搭配中求其相同、互相近似的东西,把不和谐的色彩因素调和后产生统一、和谐之感,给人带来柔和、幽雅的感受,进而达到和谐、悦目的审美要求。

调和与对比是相对而言的,没有对比就没有调和,两者相互排斥又相互依存。不同的色彩搭配在一起,在色相、明度、纯度、冷暖、面积等方面都会存在一定的差异性,对比性强,则色彩刺激,就出现了不和谐的感觉,这就需要色彩的调和,使色彩搭配感觉更加宁静。色彩调和的多,就不醒目,显得平淡,这时候就需要对比。对比与调和不是绝对的一种必然关系,要根据色彩表现的具体形式及色彩载体而定,有些可能就需要强烈的对比,不需要调和(图5-31、图5-32),而需要平静、淡雅的色彩感觉时,也不需要调和(图5-33),色彩对比与调和是辩证的,需要灵活掌握使用。如图5-34所示的控制面板,背景色为高纯度的黄色,急停按键为红色,控制区域的橙色线条就起到了调和的作用,达到了视觉上的和谐感。

图 5-31　转笔刀的色彩鲜明特征

图 5-32　多士炉色彩设计(设计:洪子潇;指导教师:杨松)

产品色彩设计调和有以下几种形式:

(1)同一或相近色相的调和。是色相的极弱的对比,色相相同或十分相近,而明度、纯度不同。

(2)同一或相近明度的调和。

(3)同一或相近纯度的调和。双方的纯度同一或相近,但色相、明度不同。

(4)同一冷暖色系的调和。这种调和指同一冷色调或同一暖色调的色彩的相配,色彩的色相、明度、纯度可以不同。

### 三、确定色彩与光源的关系

图 5-33　加湿美容仪器色彩表现宁静平和

众所周知,色彩是光的产物,有光才能显示色彩,光与色彩是密不可分的。在漆黑的环境下,任何有颜色的东西都是看不见的。光照不仅能显示颜色,还能改变颜色,不同的光源所呈现的色光各不相同,照射到同一色彩的物体上,最终呈现的颜色也是不一样的。

生活中常见的光源有:

(1)日光:呈白色光;

(2)白炽灯:呈黄色光;

(3)荧光灯:近似日光色或其他各种光色,通常室内照明以冷色和暖色光为主。

如图5-35所示的门禁室内对讲机,主体颜色应该是乳白色。在荧光灯照射下,就显得有些偏蓝色调,在白炽灯光下,色彩就呈淡黄色。如图5-36所示的蓝色沙发,在日光直接和间接照射下,蓝色的效果完全不同,直接照射下的沙发蓝色明度高、纯度低;间接照射下的沙发蓝色明度、纯度都低。可见,光源对产品自身的色彩影响很大,

图 5-34　控制面板的色彩搭配

 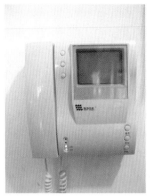

图 5 - 35　荧光灯和白炽灯下的门禁室内对讲机色彩变化

图 5 - 36　日光照射下的沙发色彩

图 5 - 37　光源对产品色彩的影响

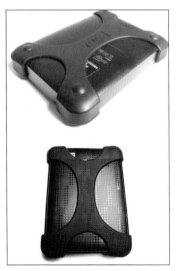

图 5 - 38　同样的黑色,采用不同工艺表现出亚光与亮光两种不同效果

会出现不同的色彩效果,形成不同的视觉感受。

产品有其本身的固有色,但被不同的光源照射时,所呈现的色彩效果各不相同,因此,在配色时,应考虑不同的使用环境和光源对产品颜色的影响。如图 5 - 37 所示的干手器,烘干区域在蓝色灯光的照射下,使原本白色的塑料壳体蒙上一层浅蓝色,突出了烘干工作区域;又如缝纫机的灯光照明,强化了金属的反光,使工作区域明确,增强了材料的质感体现。

### 四、配色与材料及涂装工艺及表面肌理的关系

相同色彩的材料,采用不同的涂装工艺(抛光、喷砂、电化处理、静电喷涂等)处理,所产生的质感效果是不同的。如图 5 - 38 所示的移动硬盘,壳体和保护罩都是黑色,因为材料不同,工艺不同,产生了不同的肌理、质感效果。如图 5 - 39、图 5 - 40 所示的产品,同样的蓝色系色彩,

图5-39 米奇儿童手表带晶莹透彻

图5-41 不同颗粒大小的灰色金属钣金质感

应用在手表带的透明塑料材料上,就显得非常轻盈,应用在液体鼠标垫的半透明硅胶材料上,就显得朦胧、柔软。如图5-41所示的钣金静电喷涂表面,同样的灰色,采用的都是静电喷涂的涂装工艺,但是在颗粒大小上是有明显差别的,颗粒大的褶皱感强,肌理效果明显,由于阴影的影响,整个灰色的明度降低;反之,颗粒小的色彩明度高,显得比较平淡,但也有细微的肌理变化。

图5-40 液体鼠标垫的朦胧、柔软质感

所以,在产品配色时,只要恰当地处理配色与功能、材料、工艺、表面肌理等之间的关系,就能获得更加丰富多变的配色效果。

## 五、重点部位配色及原则

当主色调确定后,为了强调某一重要部分或克服色彩平铺直叙、单调的问题,可将某种颜色重点配置,以获得生动活泼、画龙点睛的艺术效果;或是在需要引起人们注意的地方,形成与主色调呈对比与调和的色彩关系,达到预期设计目的。

一个工业产品的重点部位需要引起人们的注意。概括起来工业产品的重点部位包括:与人操作相关的方面——操控区域、工作区域;与展示产品的相关方面——观察区域、品牌展示区域;与产品安装、运输相关的方面——起吊区域、安装区域。总的来说,不同类型的工业产品所涉及的重点部位是不一样的,关键是要看什么产品。所以在重点部位配色时一定要尊重产品属性,要依据重点部位配色的原则,采用对比与调和的色彩搭配方法,找到合适的色彩表现方式(图5-42~5-45)。如图5-46所示的公交车残疾人通道采用了醒目的黄色,侧面采用了红色和白色相间的警示带,提醒乘客注意安全;图5-47所示的游艇和轿车操控区域的重点部位都采用了红色系来点缀,既突出其功能性,又丰富了色彩。如汽车的门控、方向盘和中控的色彩既突出重点又互相联系,营造了和谐的氛围。

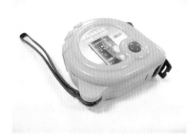

图5-42 卷尺的重点部位为锁尺按键,红色的按键与黄色的尺体形成了鲜明的对比

图5-43 红色的边框提醒乘客需要注意,标识与边框的色彩形成面积上的对比,相互呼应

图 5-44 不同类型控制面板的配色

图 5-45 设备的安装地脚色彩选择

图 5-46 公交车残疾人通道色彩设计

图 5-47 不同驾驶空间的重点部位配色

重点配色的原则：
(1) 选用比其他色调更强烈的色彩；
(2) 选用与主色调相对比的调和色；
(3) 应用在较小的面积上；
(4) 应考虑整体色彩的视觉平衡效果。

## 第五节　产品色彩设计应着重考虑的几个问题

### 一、创造使用中的和谐

色彩很少是以静态的或孤立的面貌存在，即使在白纸上画了一块平涂的颜色，它也要与白色的纸形成一种比较关系。也就是说，任何一个色彩的选择与应用，都应该与它搭配在一起的其他色彩进行对比，找到一种和谐的关系，做相应的调整，达到完美。

除此外，视觉对于色彩的识别也有一个增长和衰减的变化比率。根据色彩的属性和人的生理特征，人们对色彩的视觉感应与识别不是始终如一的，是变化的。人们总是在找一种适合于自己心理、生理感觉的影像，这必然会对色彩设计提出一个更高的要求，那就是要分析、了解消费者——作为产品的使用者、欣赏者的心理、生理感觉。所谓的和谐，就是综合了色彩的各种可变因素后，着眼于组合上的自然而又融洽的关系。这种色彩关系，一是指不同色彩配置时的面积和比例；二是色彩在明度或纯度上的接近程度；三是某一色彩的过度方式；四是由色彩自身的增长与衰减，减弱了对视觉的刺激程度。这种和谐实际上是产品自身色彩的和谐，是个体的和谐。那么，还应该包括一个产品色彩与使用环境的和谐。任何一个产品都有它固有的使用环境，如果不考虑使用环境而进行产品色彩设计，那么这个产品的色彩设计是失败的。它被完全的孤立出来了，失去了它特有的功能与使用赖以生存的大环境。所以，产品色彩应着眼于和谐，要求与自身和谐、与人和谐、与环境和谐。

### 二、色彩的视觉节奏

在多数情况下，颜色的出现并不会以体现形、空间、色调为其结果，它还要含有一种组合关系上的节奏。当然，这种节奏是视觉联想意义的。色彩中的节奏没有统一的标准，也没有固定的规律，它是以超越人们意识，无须解释的吸引力状态存在的。

如果我们同时能够看到两个产品，其中一个是简单的色彩搭配，没有材质、色彩中的变化，而另一个产品在色彩设计上刻意安排了有序的组织，那么，视线必然会本能地被第二个产品体现出来的节奏所吸引。此时，色彩的节奏转化成了解决视觉中心的方法。有了这种方法，可以主动地在色彩配置中有目的地确定重点。那么，对于一个企业来说，为了使自己的产品更好地在琳琅满目的产品陈设中吸引更多消费者的目光，就应该懂得如何通过视觉中心转移的方法来设计自己的产品。

从本质上说，色彩的视觉节奏有赖于眼睛的错觉认识和经验的提示。视觉的疲劳状态、观察角度、欣赏目的、色彩出现的位置等等，都可以形成节奏，将他们加以归纳，基本上可以有：由许多参照物形成的节奏、色彩的近似组合形成的节奏、持续的节奏变化形成的节奏、由色彩的等级重复形成的节奏。

### 三、创造性地合理体现光、影、色的关系

我们能够看到产品的形状、色彩，先决物理条件是有光的存在。光在一个产品的制造环境、使用环境中的作用是不可忽视的。

微弱的光线下，我们看到的产品外形和色彩是模糊的，无法确定它的具体功能与形象。

强烈的光线下，我们看到的是失真的产品外形和色彩，改变了原来的功能体现和外观形象。

正常的光线下，产品才能真正地体现它自身固有的各种特征。

那么，不是任何产品置于任何光线下都可以的。光源不同，光所呈现的颜色也不同。比如，太阳光呈白色光；白炽灯呈黄色光；荧光灯呈蓝色光；等等。一个特定的环境，使用特定的光源来照明，决定了在这样的光源下所使用的产品、设施的颜色需要进行周密的考虑来设计。要不然就有可能违背了事物原有的规律与特征。有了光照射到物体上，就有相应的投影与其相呼应，光与影的存在是体现体量感，形成空间感、层次感、色彩感的重要手段。这一点无论是在家电产品、3C产品、机电产品，还是家具的形态体现上都是如此。光与影除了能够形成空间和体积外，当把其看作是突出事物的特征，增添一种戏剧性的氛围时，就不能简单地视为单纯的造型手段了。光与影的表现有无限的范围，而表现目的是预先判断的一些问题和主观确定的侧重点。光与影的存在对产品颜色的影响是无可非议的，它们之间呈现出一种递进的、逐级影响的关系。光照射在产品上，产品自身的形态必然会产生一些有秩序的投影，这些投影又将会影响到产品色彩。所以，我们在对

产品进行色彩设计时一定要考虑到光源、产品形态对产品色彩所产生的影响。

### 四、专注于颜色肌理，处理好颜色与材质肌理的关系

很多时候，人的不同感官常有一种自发的相互协作的补充关系。对于色彩的识别除了眼睛的判断外，它还能引发奇妙的触摸感。成功的壁毯设计家不仅要使他们设计的作品具有良好的色彩效果，而还想方设法制作出一些肌理来吸引人们的视线并产生动手摸一摸的想法。当然，并不是说任何能够让人产生触觉感的色彩肌理都是恰当的。一位汽车制造商别出心裁地用粗糙的软皮革制作了汽车外壳，独特的肌理在惹人注目的同时，却没能形成视觉美感，令观看者心理上十分不舒服。每一种感觉方式都有它自身特性，视觉经验不能替代触觉经验，与听觉也不会混淆，然而，能够引起感觉联系的刺激模式通常又是复杂的，它有赖于其他感觉经验的参与。视觉肌理发生于不同感官的联觉作用，丰富了色彩表现形式，使同一色彩由于肌理的不同而产生多种的视觉感受。

# 第六章 产品色彩设计流程
# 与设计表现

产品色彩设计基本原则和相关要素,对产品色彩设计实践活动起着指导性作用。为了更好地实施产品色彩设计任务,还应该掌握产品色彩设计的基本流程和各环节的工作方法。科学、合理的工作流程是工作顺利展开的有力保障。由于产品色彩设计涉及的产品种类和行业非常广泛,不同的产品功能、结构、消费群体等方面都不相同,各企业及设计机构的设计要求也不尽相同,所以具体的设计流程和方法也有所不同,这就要求企业、设计机构和设计师根据产品色彩设计要求和设计任务灵活地运用产品色彩设计程序和方法。下面对产品色彩设计流程和方法作相关介绍。

## 第一节 产品色彩设计流程

产品色彩设计的一般流程(图6-1)。

### 一、色彩调研

任何一项设计工作开始之前,都应该进行相应的调查研究,客观地识别、收集、分析相应的各项信息。尤其在产品色彩设计时,更应该通过调研来掌握各类色彩信息。

产品色彩调研的内容主要包括:同行业同类产品色彩现状、消费者的色彩需求、管理层次的色彩期望、品牌色彩的应用等方面。每类产品的调查方式不一定是相同的,不是每类产品都进行一样的调查内容,设计师可根据不同产品和企业状况有所侧重。调查可以结合访谈、问卷调查、产品色彩信息分析等方式展开。目前,网上问卷调查的方式比较直接,时间短,效果明显,可采用这种方式大范围地对消费者色彩的喜好倾向等信息进行调查,对收回的有效样本信息加以分析,总结出消费者对色彩的需求。

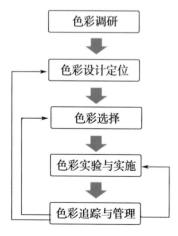

图6-1 产品色彩设计一般流程图

产品的色彩是建立在大工业生产基础上的,要满足大多数消费者的需求。为了准确得到这些色彩信息,需要做大量的调研工作。色彩调研是一个严谨的、科学的过程,不是简单地看了几个产品的色彩,问了几个人就可以断言该产品的色彩现状与发展趋势,为了保证调研环节的顺利开展,得到有效的参考数据,需要制订周密的调研计划。一般来讲,可以按照准备、调查、研究和总结的步骤来开展产品色彩调研工作。

1. 准备阶段

设计师必须要根据企业提出的具体产品色彩设计任务,拟定一个详细的调研计划,然后开展调研工作,确保高质量地完成相关调研内容,做到有理可依,有据可查,为后续的色彩设计奠定基础。在开展调研工作前,要根据企业的要求和不同的产品类型,确定色彩调研任务,制订调研方案,明确调研目的、调研对象、调研项目及方式方法等。

2. 调查阶段

根据确定的任务,应用各种调研方法收集各类资料。这一阶段的工作量大,时间长,涉及面广,需要做好各方面的协调工作。色彩调查阶段的主要内容和方法包括以下方面,如表6-1所示。

表6-1　产品色彩市场调查内容与方法

| 内　容 | 方　法 |
|---|---|
| 同类产品(竞争对手)色彩现状 | 观察(资料收集)、文献分析 |
| 消费者色彩需求 | 访谈、问卷调查 |
| 管理层色彩期望 | 访谈 |
| 产品色彩影响因素<br>(功能、情感与语义、流行色、环境、文化、行业色彩、工艺) | 文献分析 |

（1）同类产品(竞争对手)色彩现状

产品色彩设计要突出产品特点、彰显品牌的色彩魅力,在众多的同类产品中脱颖而出。所以需要对同类产品的色彩应用现状有充分的了解,尤其是竞争对手的产品色彩,做到知己知彼,方能在激烈的市场竞争中独占鳌头。

比如要研究饮水机色彩的市场现状,就要对目前市场上的所有品牌的饮水机色彩应用情况逐一调查。最直接的方法就是通过观察，逐一了解、掌握相关产品信息，可以走访各大家电市场、体验馆等场所，通过观察、拍摄、录像等方式收集相关产品的影像资料（图6-2），形成直观印象，方便同类产品的色彩对比，为研究阶段对产品色彩的归纳、对比、分析与整理提供第一手资料。

要想更好地了解产品的性能、外观及各企业产品色彩应用现状，最好的方式是参加大型的有影响力的产品展示会（图6-3）。通过这一形式，可以掌握产品的最新发展状况以及流行色的应用，对各大企业的产品色彩应用情况、产品的形态、材质及色彩实现方式等相关信息进行比较，从中汲取经验，掌握最前沿的色彩信息。所以，对于设计师来讲要及时掌握相关展会的资讯，切身实地去感受，紧紧把握住行业发展的脉搏，避免设计与时代脱节。

图6-2　美的饮水机的色彩应用现状调查

当然,要想了解同类产品的色彩信息还有很多种途径,比如互联网上的产品信息,相关媒体及机构对产品色彩的评价,各类文献资料的查询等。总之,调查的方式、途径比较多,具体要看设计对象是谁,设计目标是什么。结合具体情况,灵活地应用相应的方法,采用不同的调查途径和方式来完成调查任务。

图6-3 展会中相关产品色彩应用现状的调查

（2）消费者色彩需求

消费者对色彩有强烈需求的产品主要集中在消费类电子产品（电视机、摄像机、收音机、电话、个人电脑、相机、家用电器、汽车电子产品）、办公设备、娱乐健身设备等。每个人都有自己的色彩期望与倾向,所以对于这类产品的色彩设计,了解消费者的色彩需求至关重要,我们可以通过访谈、问卷调查等方式来了解消费者对产品功能、形式及色彩的需求,为色彩定位找到依据。需要注意的是,在访谈和发放问卷前一定要以调研目的和任务为准则,做好访谈提纲和问卷的问题设置,针对不同的产品找到合适的调查对象,也就是要确定是哪一类消费群体在使用该产品,如性别、年龄、职业等,还要保证调查人数和有效调查问卷的数量。

调查问卷的简单形式如图 6-4 所示。

（3）管理层色彩期望

产品最终以什么样的色彩形式出现，除了以来自各方面的信息反馈和调研的结论为依据外，还有一点就是要了解企业的高层领导对本企业和产品的色彩要求。每个企

图 6-4　闹钟色彩调查问卷范例

# 闹钟色彩调查问卷

感谢您对本次色彩调研活动的参与。此次调查的目的是为了了解消费者对闹钟形式及色彩的需求，各项内容无好坏之分，只需凭您的直觉如实填写即可。感谢您的配合。

1.您的性别（　）
　　□男　　　　　□女
2.您的年龄（　）
　　□20岁以下　□20~30岁　□30~45岁　□45~60岁　□60岁以上
3.您的收入（　）
　　□2000元以下　□2000~4000元　□4000~6000元　□6000元以上
4.您的职业
　　□公务员　□教育工作者　□企业家　□商人　□工人　□其他
5.您喜欢的颜色（　）

6.您认为哪些因素影响您对色彩的选择（　）
　　□年龄　□性别　□流行色　□习惯　□职业　□产品属性
　　□使用环境　□色彩功能　□其他
7.您认为闹钟的色彩应该是什么风格的（　）
　　□现代时尚　□简洁大方　□活泼新颖　□华丽多彩　□个性狂野
8.您理想中的闹钟应该是什么功能样式的（　）
　　□机械式　□智能型　□多功能
9.您认为闹钟应该是什么颜色（　）

10.您认为闹钟应该是什么材质（　）
　　□木质　□塑料　□透明材料　□金属　□多种材料组合　□其他
11.需要说明的其他问题或意见等：

业都有自己的核心理念、生产营销策略及长远发展规划，每一个设计环节都应该紧紧围绕企业的战略发展思想来展开工作，而产品色彩设计只是企业所有设计环节中的一小部分。

产品的最终色彩呈现来源于企业的经营理念、核心价值观、企业形象、产品定位等方面的准则。要想了解到企业的这些信息以及企业管理层对产品色彩的认识，通常采取访谈的方式，与企业管理层（总经理、总工程师、销售经理、生产经理、总会计师）进行沟通，进而总结出企业对产品色彩的具体要求与期望。

通常可以围绕企业形象识别、各部门间的执行和沟通、产品色彩识别、色彩实施技术等方面展开访谈。访谈的内容可以为：

您是如何通过本企业的产品色彩来感知企业的核心价值观的？

您认为企业目前的产品中哪种色彩最好地表现了这些价值观？

为了保证产品色彩品质能够得到更好的提升，您未来的战略是什么？

您认为企业目前哪些因素影响到了产品色彩的质量与实施？

您认为哪个部门的工作在产品色彩实现上发挥了重要作用？

您认为要想赢得更多的新客户，在色彩设计方面应做哪些工作？

销售部门有没有对消费者的色彩需求做相应调研工作？

产品色彩的实施是否应该应用新技术？

……

通过对企业高层的访谈，及时掌握企业对产品色彩的具体要求和相关限制条件（成本、色彩实施技术等），避免在色彩定位、色彩实施阶段走弯路。

（4）产品色彩影响因素

影响产品色彩的因素有很多，一般来讲包括产品功能、色彩情感与语义表达、流行色、产品使用环境、企业文化、地域文化、行业色彩以及色彩实现的工艺方式等。不同类别产品的色彩影响因素各不相同，所以调研、分析要有所侧重。特殊行业的产品色彩调研，就应把调研的重点放在功能形式及行业的规范要求上。比如消防类的产品、医疗产品、工程机械等,这类产品对色彩的要求比较高,选择的色彩要与它们的功能相对应。对于大多数工业产品来讲,必须对企业文化、色彩的实现工艺进行认真仔细地调研分析。

### 3. 研究阶段

主要是对收集到的各类资料按照计划的分类规律和形式进行梳理、分析,整理出对色彩设计有帮助的各类数据,形成相应的统计图表。

可以按照调查内容来逐项分析、研究,也可以根据不同的产品属性,选择性地按照品牌色彩、主辅色调、色彩设计原则、色彩对比与调和等分类方式来进行归纳、整理和分析,得出有效的各类数据和结论。

调查问卷的统计分析。如图 6-5、图 6-6 所示,是饮水机的色彩调查问卷的部分问题及统计结果。通过对收回的有效问卷统计,我们可以看出大多数消费者比较喜欢简洁大方的饮水机风格,一般都认为饮水机应该是冷色调的,对饮水机的形状系列化比较认可,这些信息对我们的饮水机色彩设计起到了关键作用,至少可以知道消费者的色彩需求是什么。

图 6-5　问卷调查统计

8. 您喜欢什么风格的饮水机:(　)　[单选题]

| 选项 | 小计 | 比例 |
|---|---|---|
| A 现代时尚 | 29 | 25.89% |
| B 简洁大方 | 58 | 51.79% |
| C 豪华气派 | 7 | 6.25% |
| D 精致小巧 | 18 | 16.07% |
| 本题有效填写人次 | 112 | |

9. 您觉得饮水机的颜色这样(　)更适合您?　[单选题]

| 选项 | 小计 | 比例 |
|---|---|---|
| A.冷色(绿、蓝、紫) | 45 | 40.18% |
| B.暖色(红、橙、黄) | 34 | 30.36% |
| C.黑白 | 27 | 24.11% |
| D.其他【详细】 | 6 | 5.36% |
| 本题有效填写人次 | 112 | |

17.如果我们进行产品系列化设计你认为最好以什么形式系列化?　[单选题]

| 选项 | 小计 | 比例 |
|---|---|---|
| 色彩系列化,如同款不同色 | 26 | 23.21% |
| 图案系列化,如印有某个主题的不同图案 | 31 | 27.68% |
| 形状系列化,如以几何体为基本形,或仿生形等 | 51 | 45.54% |
| 其他【详细】 | 4 | 3.57% |
| 本题有效填写人次 | 112 | |

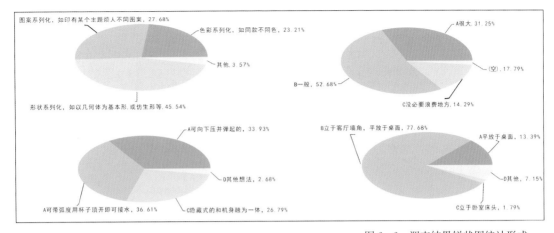

图 6-6　调查结果饼状图统计形式

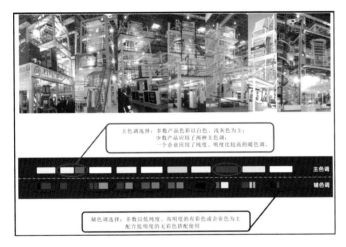

图 6-7　吹塑机主辅色调应用情况
统计分析

同类产品色调应用情况调查研究。如图 6-7,通过观察,对比多种同类产品的主辅色调应用情况,从中抽取相应的相似色彩,总结同类产品目前应用最广的主辅色调以及它们之间的搭配形式。还可以对同类产品的色相对比、纯度对比和明度对比的应用情况进行比较、分析(图 6-8~图 6-10)。

### 4. 总结阶段

总结色彩调研各阶段的工作完成情况,撰写调研报告,对调研结果进行评价,主要检验调研过程及结果是否达到了既定的调研目标。

### 二、色彩设计定位

经过了严谨的色彩调研后,我们需要对收集的情报信息进行整理分析,主要是为了形成准确的色彩定位,也就是说,要明确产品的色彩设计方向,根据产品定位、产品功

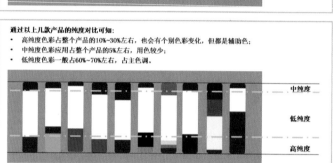

图 6-8  产品色彩色相对比应用分析

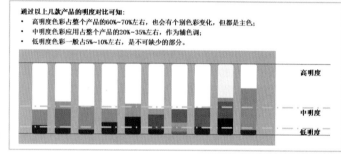

图 6-9  产品色彩纯度对比应用分析

图 6-10  产品色彩明度对比应用分析

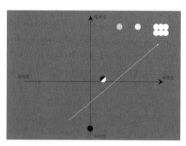

图 6-11  主色调定位

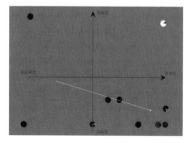

图 6-12  辅色调定位

能、使用环境、消费群体、竞争对手、文化属性、色彩流行趋势和企业品牌形象等几个方面来确定产品的色调。

比如,根据竞争对手的色彩应用现状来进行色彩定位。如图 6-11、图 6-12,是分析了塑料机械现有同类产品的主辅色调后,通过建立坐标的形式,总结得出:产品的主色调的发展趋势为低纯度、高明度的色彩;辅助色为高纯度色彩和企业形象色。

企业可以根据产品的色彩发展趋势确定自己产品的色彩设计方向,但为了形成竞争优势,还应根据自身产品的市场定位、消费群体来进一步确定色彩。产品市场定位可以按照高、低端市场来划分,高端市场消费群体对色彩要求比较高,有自己独特风格的产品色彩,要体现个性化,适应时代潮流;低端市场的产品色彩差异性比较小,即使高低端产品采用同样的色彩,但采用不同的材料和表现形式,也会产生不同的质感和视觉效果,体现出来的品位、格调也会有很大差异。

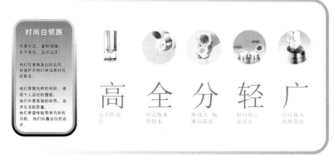

图 6-13　保温杯使用人群及产品功能定位 1

图 6-14　保温杯使用人群及产品功能定位 2

图 6-15　保温杯使用人群及产品功能定位 3

　　比如保温杯的色彩定位。保温杯的消费群体比较广，所以应该先明确保温杯的各类消费群体及相对应的产品功能，经过调研分析，确定了保温杯的消费群体，概括为时尚白领族、健康乐活族和潮流追逐者，同时也明确了适用于各个消费群体的产品功能(图 6-13～图 6-15)。根据以上定位分析，最终确定了适用于不同消费群体的产品色彩基调(图 6-16～图 6-18)，时尚白领族是朴素、沉稳的色彩，健康乐活族是华丽、沉稳的色彩，潮流追逐者是华丽活泼的色彩。

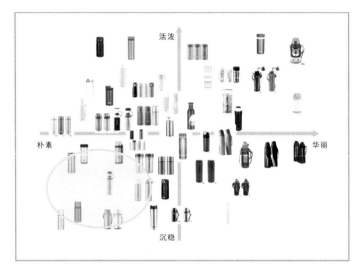

图 6-16 时尚白领族色彩定位

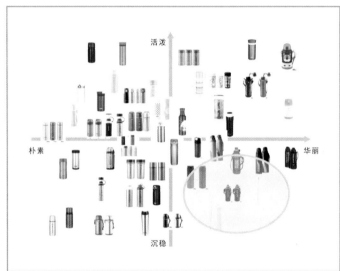

图 6-17 健康乐活族色彩定位

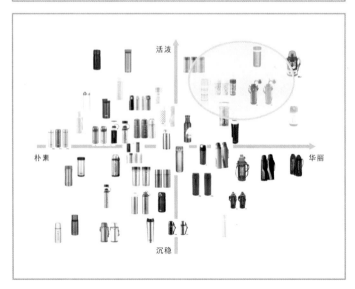

图 6-18 潮流追逐族色彩定位

图6-19　超市购物车色彩设计(设计：李波；指导教师：杨松)

### 三、色彩选择

产品的最终色彩是根据色彩定位来选择的,需要以确定的色调方向或风格为基准,选择相应的色相,应用色彩搭配的对比与调和方式,最后完成产品的配色。(参见第五章产品色彩的选择)

工业产品的色彩种类比较少,主色调最多1～2种,辅助色应用的面积也比较小,所以,产品的主色调是单一的,配色(辅助色)也就起到点缀、调和色彩的视觉作用。如图6-19的超市购物车,其主色调只有两种,配以黑色的辅助色,使整个车体的色彩设计简洁明快,干净利落。

### 四、色彩实验与实施

色彩选择是否合理,产品的最终色彩搭配是否达到了设计目标,这关乎产品的市场认可度及企业利益。所以,在产品色彩实施前,需要通过各种手段和方法检验色彩的选择是否准确,以及制定色彩的最终实施工艺。

产品色彩和形态是密不可分的。所以,在产品外形设计开始时可以融入色彩表现,通过色彩设计草图来检验;在产品外形确定后,通过计算机表现形式来模拟色彩搭配效果。计算机模拟的效果离生产实际的效果相差还很远,接下来,需要按照计算机模拟的色彩选择相应的色标来确定最终涂装颜色,以完成样机的色彩形式,最终组织相关人员进行色彩评价,以达到色彩设计的最终目标(表6-2)。

表 6 - 2　色彩实施过程及方式

| 过　程 | | 方　式 |
|---|---|---|
| 色彩模拟 | 色彩设计草图 | 通过手绘方式，应用色粉、马克笔等工具和材料结合产品形态模拟色彩 |
| | 计算机效果模拟 | 应用二维、三维软件检验已确定的配色 |
| 色彩实验 | 色标确定 | 根据计算机模拟结果，对照相应的色标确定色号 |
| | 色彩样品喷涂 | 选择样件或实验材料，进行喷涂并与色标颜色号进行比对，对色彩纯度、明度及肌理进行客观评价，确定最终的色号 |
| 样机色彩实现 | | 按照严格的喷涂工艺，以最终色标为准，对产品进行涂装 |
| 色彩评价 | | 组织相关人员对样机色彩进行客观的评价，减少色彩实施风险 |

**1. 色彩模拟**

　　色彩模拟阶段是对选择的产品色彩应用手绘和计算机技术，通过草图和效果图的表现形式进行模拟的应用试验，是色彩实施前的第一次检验。如图 6 - 20 所示的中空成型机二维色彩模拟效果图，应用了计算机技术对同一产品进行了不同配色的尝试。通常需要根据已确定的配色方案，进行不同色相、明度和纯度的搭配比对，从中选择 1～3 个比较合理的配色方案，进行三维计算机模拟，再进行比对（图 6 - 21），最终确定一个合理的配色方案，完成色彩装饰的设计（图 6 - 22）。

图 6 - 20　二维色彩模拟效果图

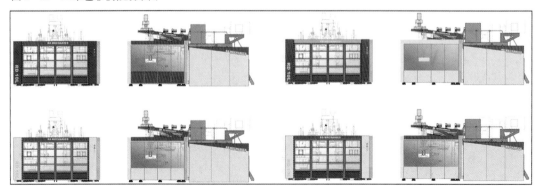

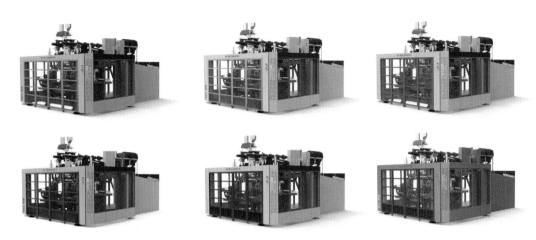

图 6-21 产品不同形态、色彩的三维模拟效果比对

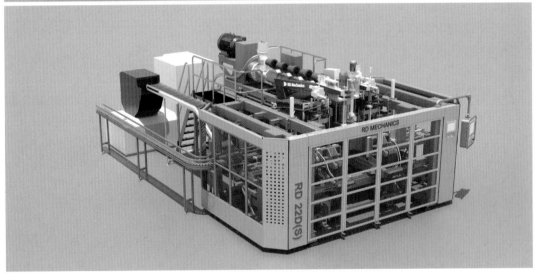

图 6-22 最终色彩方案

## 2. 色彩实验

根据计算机模拟效果,对照相应的色标体系来确定色号以及喷涂工艺;之后选择样件或实验材料根据确定的色号颜色进行喷涂实验,对实验样件及材料进行比对,对色相、纯度、明度及肌理进行客观评价,确定最终的色号。

图 6-23　RAL 色标

如图 6-20 所示的中空成型机色彩搭配方案,主色调均为浅灰色,辅助色为红色、咖啡色或灰绿色,辅助色的应用只是在部件、位置上有所区别。产品的造型材料为钣金和铝合金。所以需要按照金属材料的涂装工艺要求,参照 RAL 色标来选择最终色彩(图 6-23)。如图 6-24 所示的 RAL 色标,蓝框标注色彩为选定的涂装色彩,浅灰色对应的颜色编号为 RAL7035,红色对应的颜色编号为 RAL3013,绿色对应的颜色编号为 RAL6011 和 RAL6016,咖啡色对应的颜色编号为 RAL8003。根据选定的这些颜色对样件或实验材料进行色彩喷涂,以便检验色彩的真实度(图 6-25)。

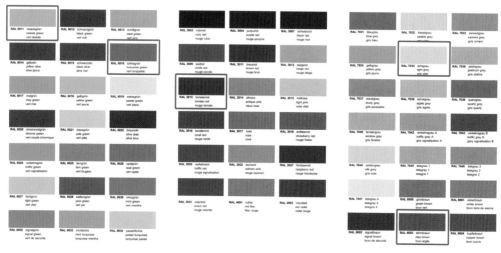

图 6-24　参照 RAL 色标选择相应的色彩

图 6-25　产品样件及材料色彩喷涂实验

### 3. 样机色彩实现

经过一系列的色彩定位、色彩模拟及色彩实验工作后,就进入了关键的环节——样机色彩的实现,即如何把我们模拟确定的色彩变为真实的产品色彩及表面装饰效果。要想实现这一过程,需要科学、合理地针对不同产品类型、材料,采用准确的表面涂装、装饰工艺,既要实现产品的预期色彩效果,起到美化、装饰作用,又要对产品表面壳体起到保护、防腐蚀和防老化的作用。如图6-26所示,色彩模拟的效果与样机色彩实施后颜色基本一致,没有做过多的调整。图6-27,在色彩样件着色检验中,对计算机模拟色彩进行了修正,调整了主体色调。

产品色彩的实现离不开涂装工艺形式。关于色彩实现的方式有很多种,不同的材料需要不同的着色技术。生活中常见的工业产品有电子产品、机械产品、家电产品、照明灯具、通信产品等。这些产品的壳体大多采用的是塑料

图6-26 产品色彩模拟与色彩实现对比

图 6-27　产品色彩模拟与样机色彩
(广东达诚机械有限公司)

和金属材料。对于塑料材质的产品,以注塑着色、涂装工艺较为常见;对于金属材质的产品,主要以涂装工艺、电镀工艺为主;而产品表面装饰方式,通常采用热转印、丝网印刷和 UV 喷印的形式。

如图 6-28 所示,吹膜机主体架构的材料均为金属,立柱为钢板,防护罩为钣金,这些材料的着色方式主要以静电喷塑的涂装工艺来完成。

一般金属材料的静电喷涂工艺流程为:清洗、静电喷涂、高温固化。

图 6-28　吹膜机产品着色前后对比
(广东金明精机股份有限公司)

图 6－29　金属部件清洗

图 6－30　静电喷涂和高温固化车间

图 6－31　吹膜机表面装饰(广东金明精机股份有限公司)

　　清洗环节主要是为了除掉工件表面的油污、灰尘、锈迹,并在工件表面生成一层抗腐蚀且能够增加喷涂涂层附着力的"磷化层"(图 6－29);静电喷涂阶段是将粉末涂料均匀地喷涂到工件的表面上;高温固化阶段是将

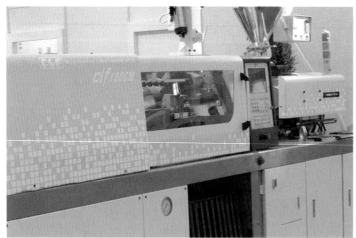

图 6 - 32　工业产品表面装饰

工件表面的粉末涂料加热到规定的温度并保温相应的时间,使之熔化、流平、固化(图 6 - 30),从而得到想要的工件表面效果(图 6 - 31)。

产品组装完成后,将对其表面的装饰做进一步处理。如图 6 - 32 所示的机械产品装饰纹样采用了 UV 喷印和热转印的方式来完成的。除了装饰纹样,还应该对设备型号、企业标志、警示标识等信息进行印刷处理。

色彩实现方式涉及的专业基础知识比较广,作为工业设计师、色彩设计师要了解、掌握这些色彩实施方式,合理选用,以保证设计与生产等环节不脱节。

### 4. 色彩评价

产品的色彩评价是在样机色彩实施后的一个重要工作。为了使最终的产品色彩效果达到既定色彩设计目标,需要对色彩的准确度、表面肌理、装饰效果以及着色工艺进行检验。通常由企业相关人员、有关专家及消费者(客户)组成评价小组,按照不同的评价内容,以会议、座谈、观摩的方式来进行。

### 5. 色彩追踪与管理

产品定型生产后,要组织相关人员对本产品在市场上的表现进行跟踪,及时收集消费者、经销商对产品色彩的反馈意见,不断地积累,分析最初的色彩定位及配色依据是否符合产品属性及消费者的心理,为下一步调整产品色彩体系,形成企业品牌色彩打下良好的基础。

## 第二节　产品色彩设计表现

产品的色彩确定可以通过调研、色彩定位、色调选择等环节来形成，但这只是一些意向的色彩描述，我们还需要通过一些技术手段来表达我们所要的色彩。产品色彩必须要依附于形态，所以，产品的形态设计与色彩设计要同步进行。

产品的色彩设计表现可以通过手绘色彩草图、二维色彩设计效果图和三维色彩设计效果图的形式来实现（表6-3）。

表6-3　产品色彩设计表现形式

| 图纸类型 | 色彩设计草图 | 二维色彩设计效果图 | 三维色彩设计效果图 |
|---|---|---|---|
| 表达形式 | 手绘表现 | 计算机表现 | 计算机表现 |
| 表现手段及工具 | 手绘草图 | CorelDRAW Illustrator Photoshop | Vray KeyShot Photoshop |

### 一、色彩设计草图

在产品色彩设计表达的初始阶段，色彩设计草图是表现最快、形象传真、具有说明性的图纸表现形式，通过这种形式可以初步展现既定产品色彩搭配的效果。

手绘草图一般是结合产品的形态方案同步进行，采用淡彩的形式，综合了单线、线面结合的两种表现方法。通常是采用专业的画笔对所勾画的产品造型着色，体现产品固有色彩和材质、肌理变化。绘制色彩草图的工具比较简单，常用的有绘图铅笔、自动铅笔、针管笔、签字笔、马克笔、色粉、水溶铅笔等。如图6-33～图6-35所示的产品色彩设计结合了形态设计，采用单线构型与马克笔着色方式，设计出不同的造型色彩效果方案。

图6-33　摄像头设计草图（设计：王闯；指导教师：杨松）

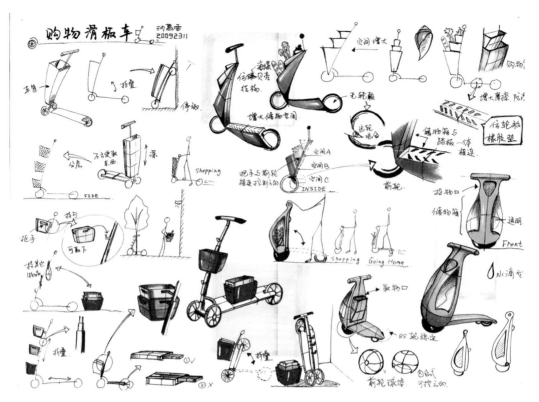

图 6-34　购物滑板车设计草图（设计：沙慕雪；指导教师：杨松）

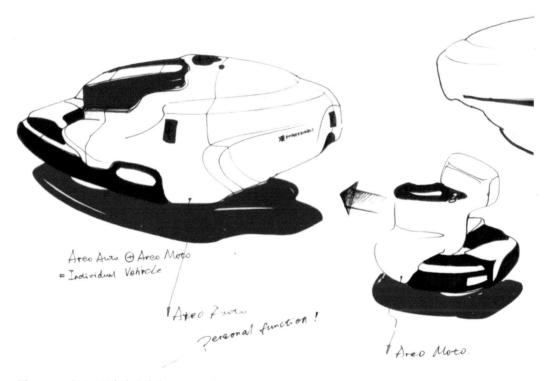

图 6-35　交通工具色彩设计草图（设计：赫英；指导教师：杨松）

二、二维色彩设计效果图

二维色彩设计效果图是在手绘草图的基础上通过计算机表现色彩效果的形式。是对设计草图的一次模拟检验,具有快速、准确、方便、易修改和选择比较等特点,可以应用计算机的色彩表现模式来确定产品所要表现的具体色彩。常用的软件有 CorelDRAW、Illustrator、Photoshop 等,每个软件在具体的绘制方法和方式上有所区别,但表现的效果是一样的,可根据不同的产品设计,依个人习惯,应用相应的软件来完成二维效果图的绘制(如图 6-36~图 6-38)。

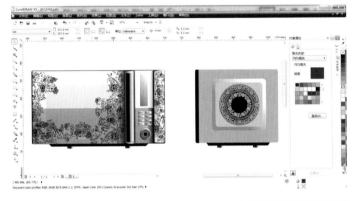

图 6-36　应用 CorelDRAW 软件完成微波炉的色彩设计(设计:李茹楠;指导教师:杨松)

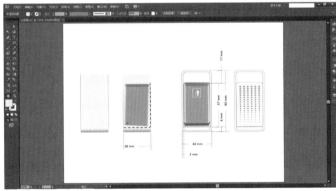

图 6-37　应用 Illustrator 软件完成垃圾箱的色彩设计

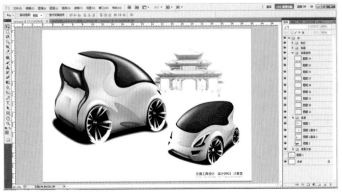

图 6-38　应用 Photoshop 软件绘制汽车效果图(设计:沙慕雪;指导教师:吴国玺)

产品的二维色彩设计效果图是在两种情况下来实施的，一种是产品的造型已经完成，需要对产品外观部件进行配色管理，这时的色彩设计实际上就是对已有的形态进行着色，形成合理的色彩搭配。但同时也可以通过配色来完善产品的外观形态，发现不完美之处，可以对其进行二次设计。第二种情况就是产品的形态和色彩设计同时进行，在设计之初推敲它们之间的关系，待形态和色彩确定后，再完成产品的三维数据建立。

下面，结合一些工业产品，应用 CorelDRAW 软件说明二维色彩设计效果图的模型具体表现形式及过程。

### 1. 生成二维图纸

在已确定的产品主体结构和造型的基础上，导出产品的外形结构平面图，生成 dwg、dxf 文件格式的二维图纸。根据不同的产品类型和色彩表现的需要，可生成 3 到 6 个视图。视图的数量主要还是根据产品的类型来确定。如图 6-39 所示，为塑料中空成型机的三维模型图，产品的主体结构和外观造型已经完成，外形特征基本为左右对称，所以只需要导出三个视图（前视图、左视图、右视图）就可以满足色彩设计的需要（图 6-40）。接下来，打开 CorelDRAW 软

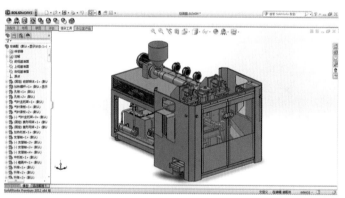

图 6-39　塑料中空成型机的三维模型图

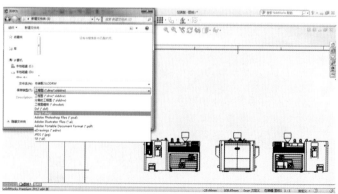

图 6-40　从三维模型中导出三视图

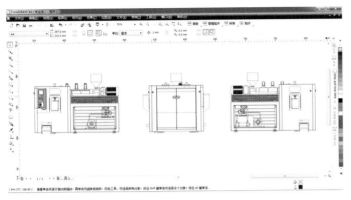

图 6-41　在 CorelDRAW 软件中导入三视图

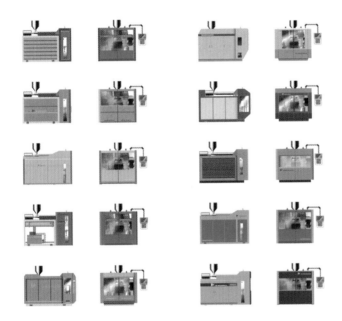

图 6-42　不同形态的中空成型机配色方案

件,导入三视图(图 6-41),按照产品的形态构造,重新编辑各个部件的图形,另存为 cdr 格式的矢量文件,之后,就可以用这个文件完成产品色彩的二维设计效果图。

2. 为各部件着色

根据色彩设计草图的配色,结合对应的产品造型,完成初步上色,并表现出形状的材质、肌理及质感。如图 6-42所示的二维效果图就是以图 6-41 为基础进行的产品造型改良和配色模拟。图 6-43 中的产品则是产品形态未改变,对色彩进行模拟。图 6-44~图 6-45 所示的是两种产品的形态与色彩同步设计效果图。

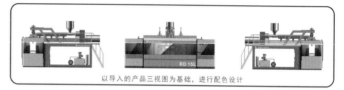

图 6-43 中空成型机配色

图 6-44 饮水机形态与色彩设计(设计：崔丹;指导教师：杨松)

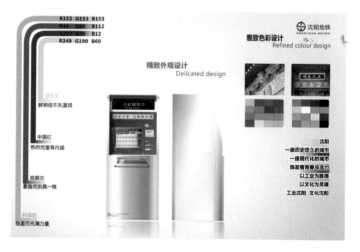

图 6-45 地铁自动售机形态与色彩设计(设计：吴琼;指导教师：杨松)

**3. 完成产品外观形态的表面装饰设计**

对产品的重点部位进行细致的颜色选择及搭配,完成厂名、商标、产品信息等装饰说明性内容的设计,包括颜色、大小、位置等关系,都需逐一标注出来。如图 6-46 所

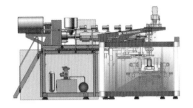

图 6-46　中空成型机配色及装饰设计

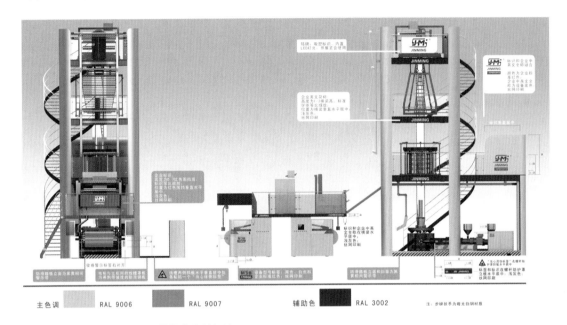

图 6-47　产品色彩和表面装饰信息的标注

示的中空机的二维色彩设计效果图，在完成产品配色后，在产品的主要特征元素上加入厂名、标识以及企业网址等信息，逐步完善产品的外观造型和色彩。

那么，对于已确定的产品色彩和表面装饰设计，则需要在完成色彩整体搭配及装饰后，对相应的信息进行说明和标注，为色彩实施阶段的工作提供参考依据和标准。如图 6-47 所示，在整个产品中，企业标识放在什么地方，以及数量、大小和颜色；产品的型号；警示标志等都用量化的形式在图纸中标注出来，还包括每项装饰内容的实施工艺，都要严格按照标准来说明。

三、三维色彩设计效果图

三维色彩设计效果图是把已有的产品三维数据模型应用渲染软件对其进行着色和渲染效果的虚拟表现形式。

参照产品的二维色彩设计效果，应用渲染软件，加入灯光、环境、材质等因素对产品色彩进行模拟。这种表现

图 6-48　吹膜机造型色彩设计(设计:李由;指导教师:杨松)

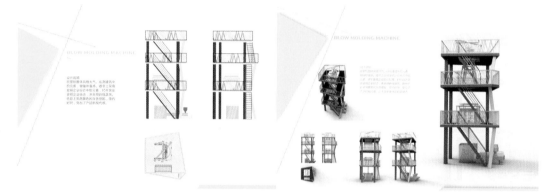

图 6-49　吹膜机色彩设计(设计:崔丹;指导教师:杨松)

形式更接近于现实的产品现状,可以验证产品色彩的最终表现效果,为产品的最后涂装做最后的虚拟现实表现。图 6-48和图 6-49 为二维色彩设计与三维色彩设计效果对比。

这种表现形式具有逼真、准确、色彩比对的优势,可供管理层、制造部门、销售部门及消费者作为色彩评价的有效方式,通过这些部门人员的意见反馈,对色彩进行微调。通过工程软件的三维建模后,确定产品的最终形态,再通过渲染软件对产品进行色彩、材质、肌理及表面装饰的表现,最终形成三维色彩设计效果图。常用的渲染软件有 Vray、KeyShot;图像处理通常使用软件 Photoshop。

下面,结合工业产品,应用 KeyShot 软件说明三维色彩设计效果图的具体表现形式及过程。

1. 导入产品三维模型

打开 KeyShot 软件,导入已建立的产品三维数据模型(图 6-50)。

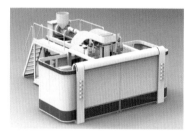

图 6-50　导入三维模型

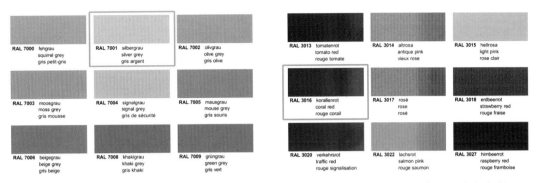

图 6-51　选定 RAL 色标色彩

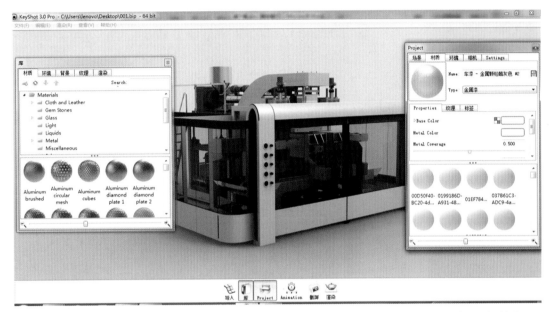

图 6-52　为产品模型添加材质

### 2. 给相应的部件着色、附材质

以调研得到的色彩定位和色彩为基准，对照相应的色标（图 6-51），在软件提供的材质库中选择相应的材质，调整色彩及各项参数，形成我们需要的材质、肌理和色彩（图 6-52），之后，为产品的各部件或外观造型构件进行着色。

### 3. 加入灯光、环境、相机等因素，营造产品的色彩氛围

根据产品的用途、使用场所及周边的环境，选择适合于表现产品最终效果的灯光、环境参数；根据产品的大小、体量感，调整相机的位置、模式及视角。中空成型机是生产塑料制品的设备，在生产车间使用，对环境要求比较高，周边排列的主要是相同的设备或者是相对应的辅机，所以，产品的环境色彩比较单一，对自身的色彩影响比较小，

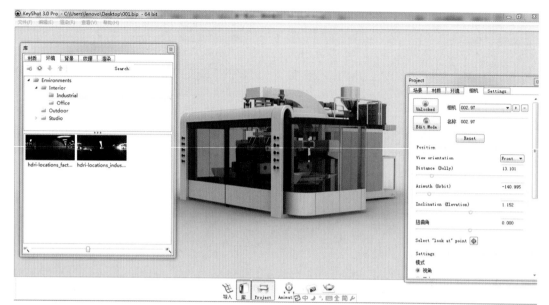

图 6-53　调整渲染的各项参数

照明的光源基本为冷光,掌握了这些信息,就可以确定灯光及环境的参数。设备的高度大概在 3 米左右,所以相机的高度选择可以定义为正常人的视高,这样形成的产品效果比较真实(图 6-53)。

图 6-54　产品渲染效果图

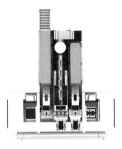

图 6 - 55　产品视图渲染

4. 终渲染

一般选择几个能够充分表现产品形态和色彩特征的透视角度进行渲染,通过几个角度的色彩表现进行比较(图 6 - 54)。最终的产品配色一经确定后,渲染出产品的六个视图的效果图,一是为了产品涂装的工艺参考的需要,二是为了申请外观专利使用(图 6 - 55)。

5. 色彩修正

也就是所谓的效果图后期处理。已渲染完成的产品色彩效果图或多或少会在某些方面存在一些问题,需要应用相关软件对效果图进行局部色彩的一些修正。这一环节不是绝对的,应视具体情况而定。

修正后的产品色彩效果图,主要是为色彩实施阶段提供一个参考样本,同时还可以应用于产品推广中宣传资料的印刷使用,宣传产品。

以下为几种不同类型产品的色彩设计三维效果图表现(图 6 - 56～图 6 - 59)。

图 6 - 56　公共影音体验设备(设计:洪子潇;指导教师:杨松)

图6-57 绿色衣物清洁设备(设计：张正;指导教师：杨松)

图6-58 手绘板设计(设计：刘东博;指导教师：杨松)

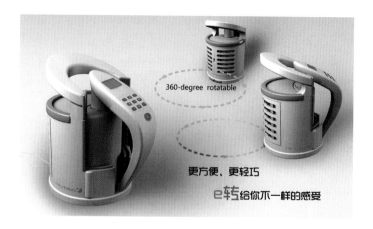

图6-59 概念打印机设计(设计：王启东;指导老师：杨松)

# 参 考 文 献

[1] 林燕宁. 小议流行色[J]. 美术观察,2012(3).

[2] 梁勇. 加强色彩竞争力,做服装企业大赢家[J]. 中国服装(北京),2004(11).

[3] 狄红静,刘冬云,吴志明. 流行色趋势预测影响因素与思想方法的研究[J]. 纺织导报,2011(1).

[4] 招霞. 色彩流行趋势的发展与研究[J]. 涂料技术与文摘,2011(9).

[5] 秦少静,刘克功,李海元. 从光色的物理性研究到艺术色彩设计应用[J]. 河北工业科技,2010,27(6).

[6] 刘正军,李娜. 动画专业色彩构成教学探索与实践——色彩三要素课题[J]. 美术大观,2010(6).

[7] 李尧. 论色彩词的取象[J]. 西南民族大学学报:人文社会科学版,2010(11).

[8] 侯凤仙. 谈中国传统色彩命名的文化内涵[J]. 宁波服装职业技术学院学报,2004(4).

[9] 周钧. 色立体的概述[J]. 江苏纺织,2011(3).

[10] 杨玉柱. 浅谈色立体的研究方法和研究价值[J]. 大观周刊,2011(17).

[11] 吴婕. 关于计算机辅助设计引入色彩构成课程教学的探讨[J]. 艺海,2011(6).

[12] 钟玉玲,李永铨. 对话视觉[J]. 艺术与设计,2013(8).

[13] 吴元新,吴灵姝. 蓝印花布与南通民俗文化[J]. 装饰,2012(2).

[14] 张玉江,任成元. 色彩设计[M]. 北京:机械工业出版社,2010.

[15] 薛澄岐,张凯,崔天剑. 产品色彩设计[M]. 南京:东南大学出版社,2007.

[16] 锐拓设计. 7天精通配色设计[M]. 北京:人民邮电出版社,2011.

[17] 沈法. 工业设计:产品色彩设计[M]. 北京:中国轻工业出版社,2009.

[18] 刘涛. 工业设计概论[M]. 北京:冶金工业出版社,2006.

[19] [日]木瓜制造/原田玲仁. 每天懂一点色彩心理学·实用

篇[M].郭勇,译.长沙:湖南文艺出版社,2013.

[20] 朱介英.色彩学[M].北京:中国青年出版社,2004.

[21] [韩]朴明焕.色彩设计手册[M].何秀丽,译.北京:人民邮电出版社,2009.

[22] 杨松.产品色彩设计应着重考虑的几个问题.色彩科学应用与发展——中国科协2005年学术年会论文集[M],北京:中国科学技术出版社,2005.

[23] 中国科学技术协会.色彩学学科发展报告[M].北京:中国科学技术出版社,2012.

[24] [日]《+Designing》.色彩设计——日本平面设计师参考手册[M].周燕华,郝微,译.北京:人民邮电出版社,2011.

[25] [日]小林重顺.色彩心理探析[M].南开大学色彩与公共艺术研究中心,译.北京:人民美术出版社,2006.

[26] [韩]金容淑.设计中的色彩心理学[M].武传海,曹婷,译.北京:人民邮电出版社,2011.

[27] Sun I 视觉设计.配色设计实用手册[M].北京:科学出版社,2011.

[28] 周慧.色彩构成基础与应用[M].北京:化学工业出版社,2013.

[29] 范希嘉,苗岭.设计色彩[M].北京:中国建筑工业出版社,2009.

[30] 彭毅.设计色彩[M].长沙:中南大学出版社,2009.

[31] 徐海鸥,王贤培,张连生.设计色彩[M].北京:中国纺织出版社,2011.

[32] 盛希希,刘淑泓.设计色彩[M].北京:清华大学出版社,北京交通大学出版社,2012.

[33] 威廉·瑞恩,西奥多·柯诺瓦.美国视觉传达完全教程[M].忻雁,等,译.上海:上海人民美术出版社,2008.